新 世 纪 计 算 机 基 础 教 育 丛 书 | 丛书主编 谭浩强

Access 2010基础与应用（第三版）
题解及实验指导

李雁翎 陈光 编著

清华大学出版社

北 京

U0336941

内 容 简 介

本书是《Access 2010 基础与应用》(第三版)的配套参考书,内容包括与主教材各章配套的习题与答案,以及精心设计的实验。

本书实验富有特色,以一个完整的数据库应用系统贯穿全书,循序渐进、实用性强;每个实验都有实验目的、实验手段和操作步骤的介绍,步骤清晰、代码完整。全书提供 10 大类实验。

本书既可作为学习数据库技术的教学用书,也可作为培养"小型应用系统开发"能力的学习用书以及计算机学习者的自学用书。

图书在版编目(CIP)数据

Access 2010 基础与应用(第三版)题解及实验指导/李雁翎,陈光编著.--北京:清华大学出版社,2014(2016.12 重印)

新世纪计算机基础教育丛书/谭浩强主编

ISBN 978-7-302-38376-5

Ⅰ. ①A…　Ⅱ. ①李…　②陈…　Ⅲ. ①关系数据库系统-高等学校-教学参考资料　Ⅳ. ①TP311.138

中国版本图书馆 CIP 数据核字(2014)第 250894 号

责任编辑:焦　虹
封面设计:傅瑞学
责任校对:焦丽丽
责任印制:刘海龙

出版发行:清华大学出版社
　　　　网　　　　址:http://www.tup.com.cn,http://www.wqbook.com
　　　　地　　　　址:北京清华大学学研大厦 A 座　　　邮　　编:100084
　　　　社 总 机:010-62770175　　　　　　　　　　邮　　购:010-62786544
　　　　投稿与读者服务:010-62776969,c-service@tup.tsinghua.edu.cn
　　　　质 量 反 馈:010-62772015,zhiliang@tup.tsinghua.edu.cn
　　　　课 件 下 载:http://www.tup.com.cn,010-62795954
印 刷 者:北京富博印刷有限公司
装 订 者:北京市密云县京文制本装订厂
经　　销:全国新华书店
开　　本:185mm×260mm　　　印　张:8.75　　　字　数:195 千字
版　　次:2014 年 12 月第 1 版　　　　　　　印　次:2016 年 12 月第 3 次印刷
印　　数:2501～4000
定　　价:20.00 元

产品编号:055166-02

丛书序言

现代科学技术的飞速发展,改变了世界,也改变了人类的生活。作为新世纪的大学生,应当站在时代发展的前列,掌握现代科学技术知识,调整自己的知识结构和能力结构,以适应社会发展的要求。新世纪需要具有丰富的现代科学知识,能够独立完成面临的任务,充满活力,有创新意识的新型人才。

掌握计算机知识和应用,无疑是培养新型人才的一个重要环节。现在计算机技术已深入到人类生活的各个角落,与其他学科紧密结合,成为推动各学科飞速发展的有力的催化剂。无论学什么专业的学生,都必须具备计算机的基础知识和应用能力。计算机既是现代科学技术的结晶,又是大众化的工具。学习计算机知识,不仅能够掌握有关知识,而且能培养人们的信息素养。这是高等学校全面素质教育中极为重要的一部分。

高校计算机基础教育应当遵循的理念是:面向应用需要,采用多种模式,启发自主学习,重视实践训练,加强创新意识,树立团队精神,培养信息素养。

计算机应用人才队伍由两部分人组成:一部分是计算机专业出身的计算机专业人才,他们是计算机应用人才队伍中的骨干力量;另一部分是各行各业中应用计算机的人员。这后一部分人一般并非计算机专业毕业。他们人数众多,既熟悉自己所从事的专业,又掌握计算机的应用知识,善于用计算机作为工具解决本领域中的任务。他们是计算机应用人才队伍中的基本力量。事实上,大部分应用软件都是由非计算机专业出身的计算机应用人员研制的,他们具有的这个优势是其他人难以代替的。从这个事实可以看到在非计算机专业中深入进行计算机教育的必要性。

非计算机专业中的计算机教育,无论目的、内容、教学体系、教材、教学方法等各方面都与计算机专业有很大不同,绝不能照搬计算机专业的模式和做法。全国高等院校计算机基础教育研究会自 1984 年成立以来,始终不渝地探索高校计算机基础教育的特点和规律。2004 年,全国高等院校计算机基础教育研究会与清华大学出版社共同推出了《中国高等院校计算机基础教育课程体系 2004》(简称 CFC2004)。2006 年、2008 年又分别推出了《中国高等院校计算机基础教育课程体系 2006》(简称 CFC2006)及《中国高等院校计算机基础教育课程体系 2008》(简称

CFC2008），由清华大学出版社正式出版发行。

1988年起，我们根据教学实际的需要，组织编写了《计算机基础教育丛书》，邀请有丰富教学经验的专家、学者先后编写了多种教材，由清华大学出版社出版。丛书出版后，迅速受到广大高校师生的欢迎，对高等学校的计算机基础教育起了积极的推动作用。广大读者反映这套教材定位准确，内容丰富，通俗易懂，符合大学生的特点。

1999年，根据新世纪的需要，在原有基础上组织出版了《新世纪计算机基础教育丛书》。由于丛书内容符合需要，质量较高，因此被许多高校选为教材。丛书总发行量1000多万册，这在国内是罕见的。最近，我们又对丛书进行了进一步的修订，根据发展的需要，增加了许多新的教材。本丛书有以下特点：

（1）内容新颖。根据21世纪的需要，重新确定丛书的内容，以符合计算机科学技术的发展和教学改革的要求。本丛书除保留了原丛书中经过实践考验且深受群众欢迎的优秀教材外，还编写了许多新的教材。在这些教材中反映了近年来迅速得到推广应用的一些计算机新技术，以后还将根据发展不断补充新的内容。

（2）满足不同学校的教学需求。本丛书采用模块形式，提供了各种课程的教材，内容覆盖了高校计算机基础教育的各个方面。丛书中既有理工类专业的教材，也有文科和经济类专业的教材；既有必修课的教材，也包括一些选修课的教材。各类学校都可以从中选择到合适的教材。

（3）符合初学者的特点。本丛书针对初学者的特点，以应用为目的，以应用为出发点，强调实用性。本丛书的作者都是长期在第一线从事高校计算机基础教育的教师，对学生的基础、特点和认识规律有深入的研究，在教学实践中积累了丰富的经验。可以说，每一本教材都是他们长期教学经验的总结。在教材的写法上，作者既注意概念的严谨和清晰，又特别注意采用读者容易理解的方法阐明看似深奥难懂的问题，力求做到例题丰富，通俗易懂，便于自学。这一点是本丛书一个十分重要的特点。

（4）采用多样化的形式。除了教材这一基本形式外，有些教材还配有习题解答和实验指导，并提供电子教案。

总之，本丛书的指导思想是内容新颖、概念清晰、实用性强、通俗易懂、教材配套，简单概括为："新颖、清晰、实用、通俗、配套"。我们经过多年实践形成的这一套行之有效的创作风格，相信会受到广大读者的欢迎。

本丛书多年来得到了各方面人士的指导、支持和帮助，尤其是得到了全国高等院校计算机基础教育研究会的各位专家和高校老师的支持和帮助，我们在此表示由衷的感谢。本丛书肯定有不足之处，希望得到广大读者的批评指正。

欢迎访问谭浩强网站：http://www.tanhaoqiang.com

丛 书 主 编
全国高等院校计算机基础教育研究会荣誉会长
谭 浩 强

新世纪

前 言

　　Access 2010 是 Microsoft Office 2010 系列应用软件的一个重要组成部分，是基于 Windows 平台的关系数据库管理系统。它界面友好、操作简单、功能全面、使用方便，自从 1992 年发布以来，Access 已逐步成为关系数据库应用领域的佼佼者，深受广大用户的青睐。

　　作者于 2002 年 8 月编写的《Access 2000 基础与应用》由清华大学出版社出版后，多次重印。现应读者的要求对《Access 2000 基础与应用》（第二版）进行了改版，修订后的教材为《Access 2010 基础与应用》（第三版），以 Access 2010 为实验环境。本书是其配套用书。

　　作者结合多年的教学实践，综合国内外有关数据库技术（Access）教材的大量实验案例，以培养学生利用数据库技术对数据和信息进行管理、加工和利用的意识与能力为目标，以数据库原理和技术的知识讲授为核心，严格筛选、精心安排教材体例和组织教材内容。

　　本书共分两部分：

　　第 1 部分是习题部分。习题部分的内容完全结合主教材各章节的知识点编写，有填空、选择、简答、设计及实验等多种形式，力求通过这些习题的训练，使读者对 Access 进一步加深理解。

　　第 2 部分是实验部分。实验部分的每一个实验都根据教学目标而设计，详细介绍了实验的操作过程并给出实验结果。若能顺利完成这些实验，将对 Access 2010 数据库应用系统的开发有一个完整的把握。

　　本书所有实验在 Access 2010 中运行通过。鉴于 Access 2010 覆盖面宽，而书中篇幅紧凑，不可能涵盖更广泛的内容，对书中的不足之处，诚望读者批评指正。

编　者

目 录

第一部分 习 题

第二部分 实 验

新世纪

第一部分

习　　题

习题是为了检验学生对基础知识和基础理论的学习效果,根据主教材各章的内容编写的,设有填空、选择、简答、实验等题型。对于实验类型的题目,学生可参照本书的实验指导来完成。

第1章 概　　述

一、填空题

1. 信息通过_____，便可以实现载体传递。
2. 数学模型是数据库系统的_____。
3. 数据库的性质是由其依赖的_____所决定的。
4. 关系数据库是由若干个完成关系模型设计的_____组成的。
5. 在关系数据库中，各表之间可以相互关联，表之间的这种联系是依靠每一个独立表内部的_____建立的。
6. 关系数据库具有高度的数据和程序的_____。
7. 硬件环境是数据库系统的物理支撑，它包括相当速率的CPU、足够大的内存空间、足够大的_____，以及配套的输入、输出设备。
8. 数据是数据库的基本内容，数据库又是数据库系统的管理对象，因此，数据是数据库系统必不可少的_____。
9. 数据规范化的基本思想是逐步消除数据依赖关系中不合适的部分，并使依赖于同一个数学模型的数据达到_____。
10. 表设计的好坏直接影响数据库_____的设计及使用。

二、单选题

1. (　　)不是常用的数学模型。
   A. 层次模型　　　　B. 网状模型　　　　C. 概念模型　　　　D. 关系模型
2. (　　)不是关系模型的术语。
   A. 元组　　　　　　B. 变量　　　　　　C. 属性　　　　　　D. 分量
3. (　　)不是关系数据库的术语。
   A. 记录　　　　　　B. 字段　　　　　　C. 数据项　　　　　D. 模型
4. 关系数据库中的表不必具有的性质是(　　)。
   A. 数据项不可再分　　　　　　　　　B. 同一列数据项要具有相同的数据类型
   C. 记录的顺序可以任意排列　　　　　D. 字段的顺序不能任意排列
5. (　　)不是数据库系统组成部分。
   A. 说明书　　　　　B. 数据库　　　　　C. 软件　　　　　　D. 硬件
6. 已知某一数据库中有两个数据表，它们的主键与外键是一个对应多个的关系，这两个表若想建立关联，应该建立的永久联系是(　　)。
   A. 一对一　　　　　B. 多对多　　　　　C. 一对多　　　　　D. 多对一
7. 已知某一数据库中有两个数据表，它们的主键与外键是一个对应一个的关系，这两个表若想建立关联，应该建立的永久联系是(　　)。

A. 一对一　　　　B. 多对一　　　　C. 一对多　　　　D. 多对多

8. 已知某一数据库中有两个数据表,它们的主键与外键是多个对应一个的关系,这两个表若想建立关联,应该建立的永久联系是(　　　)。

A. 一对多　　　　B. 一对一　　　　C. 多对多　　　　D. 多对一

9. (　　　)不是 Access 关系数据库中的对象。

A. 查询　　　　B. Word 文档　　　C. 数据访问页　　　D. 窗体

10. 数据库设计的第一步是(　　　)。

A. 概念结构设计　　B. 逻辑结构设计　　C. 需求分析　　　D. 物理结构设计

三、简答题

1. 简述什么是数据。
2. 简述什么是信息。
3. 简述数据与信息的关系及区别。
4. 解释什么是数据库。
5. 简述什么是数学模型。
6. 关系模型有何特征?
7. 简述数据库系统的组成及各部分所承担的任务。
8. 什么是关系规范化原则?
9. 什么是参照完整性?
10. 设计数据库应完成哪些工作?

第2章 Access 数据库系统概述

一、填空题

1. Access 是_____软件。
2. Access 是_____组件之一。
3. 状态行位于 Access 系统工作窗口的最下方,用于显示当前操作的_____。
4. 安装 Access 是在安装_____时同时完成的。
5. 关闭 Access 数据库时,使用_____操作可以减少磁盘的存储空间。
6. Access 必须安装在由_____支持的软件环境下。
7. 如果菜单选项的显示方式是深颜色,则表示这些菜单选项是在当前环境下_____的操作项。
8. 如果菜单选项后面标有(…)符号,一旦选择此操作项,将打开一个对应的_____。
9. 若想使用某一工具栏中的按钮,就要_____该工具栏。
10. 若不想使用当前的工具栏,则要_____该工具栏。

二、单选题

1. Access 主系统界面不包括( )。
   A. 菜单栏　　　　　B. 工作区　　　　　C. 标题栏　　　　　D. 数据库
2. Access 不能安装在( )操作系统下。
   A. Windows 98　　　　　　　　B. Windows 3.1
   C. Windows 97　　　　　　　　D. Windows NT 4.0
3. 不能退出 Access 的是( )。
   A. 文件/退出　　　　　　　　B. 系统/退出
   C. Esc　　　　　　　　　　D. Ctrl＋Alt＋Del
4. 低版本的 Access 数据库在高版本的 Access 数据库管理系统中使用时,应选择的操作是( )。
   A. 低转换高　　　B. 不用转换　　　C. 高转换低　　　D. 自动转换
5. ( )不是 Office 应用程序组件。
   A. Word　　　　　B. Excel　　　　　C. SQL Server　　　D. Access

三、简答题

1. 简述 Access 的主要特性。
2. 简述 Access 界面组成及各部分的功能。
3. 回答退出 Access 的几种方法。
4. 简述启动 Access 的几种方法。
5. 简述 Access 系统与 Office 其他应用程序的相同之处。

第3章 数据库的创建与使用

一、填空题

1. 使用数据库或维护数据库时,都必须要把数据库_____。

2. 当一个数据库文件被打开后,数据库中的全部资源的基本属性都可以通过_____窗口的不同选项卡来设置。

3. 压缩数据库可以重新整理数据库_____的占有。

4. 修复数据库可以重新整理数据库,可以恢复因操作失误或意外情况_____的数据信息。

5. 在高版本的 Access 中,不能够_____低版本的 Access 数据库。

二、单选题

1. 创建数据库有( )种方法。

    A. 2   B. 3   C. 4   D. 5

2. 若使打开的数据库文件可与网上其他用户共享,并可以维护其中的数据库对象,则要( )数据库文件。

    A. 以只读方式打开   B. 以独占方式打开

    C. 以独占只读方式打开   D. 打开

3. 在"选项"窗口,选择( )选项卡,可以设置"默认数据库文件夹"。

    A. "常规"   B. "视图"   C. "数据表"   D. "高级"

4. 若使打开的数据库文件不能为网上其他用户共享,则要( )打开数据库文件。

    A. 打开   B. 以独占方式打开

    C. 以独占只读方式打开   D. 以只读方式打开

5. 关闭数据库文件有( )种方法。

    A. 2   B. 3   C. 4   D. 5

6. 设置数据库属性窗口有( )种选项卡。

    A. 2   B. 3   C. 4   D. 5

7. 若使打开的数据库文件能为网上其他用户共享,且只能浏览数据,则要( )数据库文件。

    A. 以只读方式打开   B. 以独占只读方式打开

    C. 以独占方式打开   D. 打开

8. Access 默认的数据库文件夹是( )。

    A. Access   B. My Documents

    C. 用户自定义的文件夹   D. Temp

9. 若使打开的数据库文件不能为网上其他用户共享,且只能浏览数据,则要( )

数据库文件。

    A. 以只读方式打开   B. 打开

    C. 以独占只读方式打开   D. 以独占方式打开

  10. 数据库文件打开的方式有(   )种。

    A. 2   B. 3   C. 4   D. 5

三、简答题

  1. 什么情况下要使用数据库转换技术?

  2. 创建数据库有几种方法? 各有什么优点?

  3. 为什么要设置"默认数据库文件夹"? 有什么好处?

  4. 压缩数据库文件时,要注意什么?

  5. 修复数据库文件的操作有什么优点?

第4章 表的创建与使用

一、填空题

1. 表是数据库中最基本的操作对象,也是整个数据库系统的_____。

2. 表_____其他数据库对象的设计及使用。

3. 表名是将表存储在磁盘上的_____。

4. 在对表进行操作时,是把_____与表的内容分开进行操作的。

5. 字段类型决定了这一字段名下的_____类型。

6. 只有表结构定义完成后,方可向表_____。

7. 如果某一字段没有设置显示标题,Access 系统就默认_____为字段的显示标题。

8. 字段有效性规则是在给字段输入数据时所设置的_____。

9. 字段输入掩码是给字段输入数据时设置的某种特定的_____。

10. 表结构的设计及维护,是在_____完成的。

11. 表中数据的操作及维护,是在_____完成的。

12. 表中数据复制的功能可以减少_____的输入。

13. 替换表中的数据项,是要先完成表中的_____,再进行替换的操作过程。

14. 在"表"浏览窗口,表中的数据显示顺序通常是根据_____排列的。

15. 隐藏表中列的操作,可以限制表中_____的显示个数。

16. 在 Access 中,对同一个数据库中的多个表,若想建立表间的关联关系,就必须给表中的某字段_____,这样才能够建立表间的关联关系。

17. 一个表如果设置了主关键字,表中的记录_____就将依赖于主关键字的取值。

18. 一般情况下,一个表可以建立多个索引,每一个索引可以确定表中记录的一种_____。

19. 子表的概念是相对父表而言的,它是一个_____的表。

20. 当两个数据表建立了关联后,通过_____就有了父、子表之分。

二、单选题

1. 定义表结构时,不用定义( )。
   A. 字段名 B. 数据库名 C. 字段类型 D. 字段长度

2. 创建表的方法有( )种。
   A. 2 B. 5 C. 4 D. 3

3. 创建表时,可以在( )中进行。
   A. 报表设计器 B. 表浏览器 C. 表设计器 D. 查询设计器

4. 对表中某一字段建立索引时,其值有重复,可选择( )索引。

A. 主　　　　　　　B. 有（无重复）　　　C. 无　　　　　　　　D. 有（有重复）

5.（　　）不是表中字段类型。

　　A. 文本　　　　　　B. 日期　　　　　　C. 备注　　　　　　　D. 索引

6. 不正确的日期常数是（　　）。

　　A. 1994 年 6 月 10 日　　　　　　　　B. 96-16-10

　　C. 94-06-10　　　　　　　　　　　　D. 96-06-10

7. 不合法的表达式是（　　）。

　　A.［性别］＝"男"or［性别］＝女　　　　B.［性别］like"男"or［性别］＝"女"

　　C.［性别］like"男"or［性别］like"女"　　D.［性别］＝"男"or［性别］＝"女"

8. 可以嵌入 OLE 对象的字段类型是（　　）。

　　A. 备注型　　　　　B. 任何类型　　　　C. 日期类型　　　　　D. OLE 对象

9. 合法的表达式是（　　）。

　　A. 教师编号 Between 100000 and 200000

　　B.［性别］＝"男"or［性别］＝"女"

　　C.［基本工资］＞＝1000［基本工资］＜＝10000

　　D.［性别］like"男"＝［性别］＝"女"

10. 不能进行索引的字段类型是（　　）。

　　A. 备注　　　　　　B. 数值　　　　　　C. 字符　　　　　　D. 日期

三、简答题

1. 设计表应注意什么？

2. 表结构的基本内容是什么？

3. 什么是子数据表？使用子表有什么好处？

4. 建立表间的关联关系可给数据库操作带来什么益处？

5. 表间的关联关系有几种？它们有什么不同？

第 5 章 查询的创建与使用

一、填空题

1. 查询是专门用来进行_____,以及进行数据加工的一种重要的数据库对象。

2. 查询结果可以作为其他数据库对象_____。

3. 查询也是一个表,是以_____为数据来源的再生表。

4. 查询的结果总是与数据源中的数据_____。

5. SQL 查询必须在_____的基础上创建。

6. 参数查询是通过运行查询时的_____创建的动态查询结果。

7. 查询可作为_____数据的来源。

8. 创建查询首要条件是要有_____。

9. 生成表查询可以使原有_____扩大并得到合理改善。

10. 更新查询的结果,是对数据源中的数据进行_____。

二、单选题

1. 在查询"设计视图"窗口,(　　)不是字段列表框中的选项。

    A. 排序　　　　　　B. 显示　　　　　　C. 类型　　　　　　D. 准则

2. 在"查询参数"窗口定义查询参数时,除定义查询参数的类型外,还要定义查询参数的(　　)。

    A. 标识符　　　　　B. 参数值　　　　　C. 什么也不定义　　D. 参数值域

3. 动作查询不包括(　　)。

    A. 更新查询　　　　B. 参数查询　　　　C. 生成表查询　　　D. 删除查询

4. SQL 能够创建(　　)。

    A. 更新查询　　　　B. 追加查询　　　　C. 各类查询　　　　D. 选择查询

5. 查询向导不能创建(　　)。

    A. 选择查询　　　　B. 交叉表查询　　　C. 重复项查询　　　D. 参数查询

三、简答题

1. 什么是查询?

2. 查询与表有什么不同? 它的主要功能是什么?

3. 查询有几种类型?

4. 动作查询与选择查询有什么不同?

5. SQL 语句能创建什么样的查询?

6. 创建选择查询的向导有几个？它们的不同之处是什么？

7. 利用查询设计器与查询向导创建查询有什么不同？

8. 参数查询有什么特点？

9. 创建多表查询有什么好处？

10. 创建查询的数据来源有哪些？

第6章 窗体的创建与使用

一、填空题

1. 窗体通常由窗体页眉、窗体页脚、页面页眉、页面页脚及_____5部分组成。

2. 窗体的每个部分都称为窗体的_____。

3. 窗体的页眉位于窗体的最上方,是由窗体控件组成的,主要用于显示窗体_____。

4. 窗体的页脚位于窗体的最下方,同样是由窗体控件组成的,它主要用于对窗体的_____。

5. 窗体的主体位于窗体的中心部分,是工作窗口的核心部分,由多种_____组成。

6. 使用窗体设计器,一是可以创建窗体,二是可以_____。

7. 创建窗体的数据来源只能是_____。

8. 要用多表作为窗体的数据来源,就要先利用_____创建一个查询。

9. 窗体的属性决定了窗体的结构、_____以及数据来源。

10. 设置窗体的属性实际上是设计窗体的_____。

11. 一个窗体的好坏,不仅取决于窗体自身的属性,还取决于_____。

12. 窗体控件的种类很多,但其作用及_____各不相同。

13. 设置窗体的属性是在窗体的_____设计窗口进行的。

14. 页面页眉与页面页脚只出现在_____。

15. 窗体是数据库系统数据维护的_____。

二、单选题

1. ( )不是窗体的组成部分。
   A. 窗体页眉　　　　B. 窗体页脚　　　　C. 主体　　　　D. 窗体设计器

2. 自动窗体不包括( )。
   A. 纵栏式　　　　B. 新奇式　　　　C. 表格式　　　　D. 数据表

3. 使用窗体设计器,不能创建( )。
   A. 数据维护窗体　　　　　　　　B. 开关面板窗体
   C. 报表　　　　　　　　　　　　D. 自定义对话窗体

4. 创建窗体的数据来源不能是( )。
   A. 一个表　　　　　　　　　　　B. 任意
   C. 一个单表创建的查询　　　　　D. 一个多表创建的查询

5. ( )不是窗体控件。
   A. 表　　　　　　B. 标签　　　　　C. 文本框　　　　D. 组合框

三、简答题

1. 什么是窗体？它有什么作用？
2. 窗体是由什么组成的？
3. 窗体中的页眉和页脚有什么用途？
4. 窗体的主要属性是什么？
5. 标签的主要属性是什么？
6. 文本框的主要属性是什么？
7. 命令按钮的主要属性是什么？
8. 列表框的主要属性是什么？
9. 组合框的主要属性是什么？
10. 选项按钮的主要属性是什么？
11. 选项组的主要属性是什么？
12. 复选框的主要属性是什么？
13. 绑定对象框的主要属性是什么？
14. 页框的主要属性是什么？
15. 子窗体的主要属性是什么？

第7章 报表的创建与使用

一、填空题

1. 使用报表可以将数据库中的数据信息和文档信息以表格的形式通过_____显示出来。

2. 使用报表可以将数据库中的数据信息和文档信息以表格的形式通过_____打印出来。

3. 在创建报表的过程中，可以控制数据输出的内容、输出对象的显示或打印格式；还可以在报表制作的过程中，进行数据的_____。

4. 报表不能对数据源中的数据_____。

5. 报表通常由报表页眉、报表页脚、页面页眉、页面页脚及_____5部分组成。

6. 报表页眉是整个报表的页眉，内容只在报表的_____打印输出。

7. 页面页眉的内容在报表的_____打印输出。

8. _____的内容是报表的项目不可缺少的关键内容。

9. 页面页脚的内容在报表的_____打印输出。

10. 报表页脚是整个报表的页脚，内容只在报表的_____打印输出。

11. 使用"报表向导"创建报表，报表包含的字段个数在创建报表时可以选择，还可以定义_____。

12. 利用工具箱中的工具按钮，可以向报表中添加所需的_____。

13. 可以将_____转换为报表。

14. 报表的设计主要依赖于系统提供的一些_____。

15. 设置报表的页面，主要是_____的大小，以及页眉、页脚的样式。

二、单选题

1. 只在报表的最后一页底部输出的信息是通过（　　）设置的。
   A. 报表页眉　　　　B. 页面页脚　　　　C. 报表页脚　　　　D. 报表主体

2. （　　）不是报表的组成部分。
   A. 报表页眉　　　　B. 报表页脚　　　　C. 报表主体　　　　D. 报表设计器

3. 只在报表的每页底部输出的信息是通过（　　）设置的。
   A. 报表主体　　　　B. 页面页脚　　　　C. 报表页脚　　　　D. 报表页眉

4. 创建（　　）报表时必须使用报表向导。
   A. 纵栏式　　　　　B. 表格式　　　　　C. 标签式　　　　　D. 图表式

5. 创建报表的数据来源不能（　　）。
   A. 任意
   B. 是一个多表创建的查询
   C. 是一个单表创建的查询
   D. 是一个表

三、简答题

1. 什么是报表？报表有什么作用？
2. 报表是由哪些部分组成的？
3. 报表的报表页眉、字段页眉有什么用途？
4. 创建报表的方法有几种？各有什么优点？
5. Access 有几种形式的报表？
6. 报表的报表页脚、字段页脚有什么用途？
7. 一个最基本的报表应包含哪三个部分？
8. 报表的页面设置要定义哪些内容？
9. 报表比窗体多几个节？这几个节有什么作用？
10. 纵栏式报表、表格式报表、图表式报表、标签式报表各有什么突出的特点？

第8章 宏的创建与使用

一、填空题

1. 宏是一种特定的编码,是一个或多个_____的集合。

2. 宏以动作为基本单位。一个宏命令能够完成一个操作动作,每一个宏命令是由_____组成的。

3. 由多个宏命令组成在一起的宏,其操作动作的执行是按_____依次完成的。

4. 在宏中加入_____,可以限制宏在满足一定条件下才能完成某种操作。

5. 定义宏组,这样更便于数据库中宏对象的_____。

6. 宏的使用一般是通过窗体、报表中的_____实现的。

7. 宏可以成为实用的数据库管理系统菜单栏的_____,从而控制整个管理系统的操作流程。

8. 利用_____ 可以创建一个宏。

9. 当宏与宏组创建完成后,只有运行_____,才能产生宏操作。

10. 宏组事实上是一个冠有_____的多个宏的集合。

11. 直接运行宏组时,只执行_____所包含的所有宏命令。

12. 经常使用的宏运行方法是将宏赋予某一窗体或报表控件的_____,通过触发事件运行宏或宏组。

13. 在"宏"编辑窗口,可以完成_____,设置宏条件,宏操作,操作参数,添加或删除宏,更改宏顺序等操作。

14. 运行宏有两种选择,一是依照宏命令的排列顺序连续执行宏操作,二是依照宏命令的排列顺序_____。

15. 在"宏"编辑窗口,打开"操作"栏所对应的_____,将列出 Access 中的所有宏命令。

二、单选题

1. 在 Access 数据库系统中,不是数据库对象的是(　　)。
   A. 数据库　　　　 B. 报表　　　　　 C. 宏　　　　　　　 D. 数据访问页

2. 能够创建宏的设计器是(　　)。
   A. 窗体设计器　　 B. 报表设计器　　 C. 表设计器　　　　 D. 宏设计器

3. 创建宏不用定义(　　)。
   A. 宏名　　　　　　　　　　　　　　 B. 窗体或报表控件属性
   C. 宏操作目标　　　　　　　　　　　 D. 宏操作对象

4. (　　)能产生宏操作。
   A. 创建宏　　　　 B. 编辑宏　　　　 C. 运行宏组　　　　 D. 创建宏组

5. 要限制宏操作的范围,可以在创建宏时定义(　　　)。

    A. 宏操作对象　　　　　　　　　　B. 宏条件表达式

    C. 窗体或报表控件属性　　　　　　D. 宏操作目标

三、简答题

1. 简述什么是宏。

2. 宏的作用是什么?

3. 宏与宏组有什么区别?

4. 宏组的用途是什么?

5. 运行宏有几种方法?这几种方法各有什么不同?

第9章　VBA 程序设计基础

一、填空题

1. 标准模块是独立于_____的模块。

2. 变量的类型决定了变量存取数据的类型,也决定了变量能参与_____。

3. 变量的作用域就是变量在程序中的_____。

4. 数组不是一种数据类型,而是一组有序_____的集合,

5. 内部函数是 VBA 系统为用户提供的_____,用户可直接引用。

6. 在同一个表达式中,如果有两种或两种以上类型的运算,则按照函数运算、_____、字符运算、_____、_____的顺序来进行计算。

7. 标识符必须由_____开头,后面可跟字母、汉字、数字、下划线。

8. 分支结构是在程序执行时,根据_____,选择执行不同的程序语句。

9. 如果某些语句或程序段需要重复操作,使用_____是最好的选择。

10. Sub 过程和 Function 过程可在_____中,或在_____中创建。

二、单选题

1. 以下常量的类型说明符使用正确的是(　　)。
   A. Const A1!＝2000　　　　　　　　B. Const A1%＝60000
   C. Const A1%＝"123"　　　　　　　D. Const A1 $＝True

2. 以下声明 I 是整型变量的语句正确的是(　　)。
   A. Dim I,j As Integer　　　　　　　B. I＝1234
   C. Dim I As Integer　　　　　　　　D. I As Integer

3. 以下叙述中不正确的是(　　)。
   A. VBA 是事件驱动型可视化编程工具
   B. VBA 应用程序不具有明显的开始和结束语句
   C. VBA 工具箱中的所有控件都要更改 Width 和 Height 属性才可使用
   D. VBA 中控件的某些属性只能在运行时设置

4. 在窗体中添加一个命令按钮,名称为 Command1,Click 事件代码如下:

```
Private Sub Command1_Click()
A=1234
B$=Str$(A)
C=Len(B$)
Me.Lbl1.Caption=C
End Sub
```

单击命令按钮,则在窗体上显示的内容是(　　)。

A. 0   B. 4   C. 6   D. 5

5. 在窗体中添加一个命令按钮,名称为 Command1,然后编写如下程序:

```
Private Sub Command1_Click(    )
a=10
b=5
c=1
Me.Lbl1.Caption=a>b And b>c
End Sub
```

程序运行后,单击命令按钮,则在窗体上显示的内容是(   )。

    A. True   B. False   C. 0   D. 出错信息

6. 以下逻辑表达式结果为 True 的是(   )。

    A. NOT 3+5>8   B. 3+5>8

    C. 3+5<8   D. NOT 3+5>=8

7. 以下不是分支结构的语句是(   )。

    A. If…Then…EndIf   B. While…Wend

    C. If…Then…Else…EndIf   D. Select…Case…End Select

8. VBA 程序流程控制的方式是(   )。

    A. 顺序控制和分支控制   B. 顺序控制和循环控制

    C. 循环控制和分支控制   D. 顺序控制、分支控制、循环控制

9. (   )不是鼠标事件。

    A. KeyPress   B. MouseDown   C. DblCilck   D. MouseMove

10. 以下不是确定 VBA 中变量的作用域的是(   )。

    A. Static   B. Function   C. Private   D. Public

三、简答题

1. 在 VBA 中,变量类型有哪些?类型符是什么?

2. 在 VBA 中,有几种类型表达式?

3. 表达式是由哪些元素构成的?

4. 计算逻辑表达式值时要遵循什么优先顺序?

5. 什么是数组?

6. 建立过程的目的是什么?

7. Function 过程与 Sub 过程有什么不同?

8. 在程序中引用 Ubound( )和 Lbound( )函数有什么好处?

9. Split 函数和 Join 函数有什么不同?各自的作用是什么?

10. VBA 模块与宏有什么区别?

第 10 章 窗体设计及 VBA 编程

一、填空题

1. 数据库_____是使用 Access 数据库管理系统软件的最终目的。

2. 数据库应用系统开发要经过系统分析、系统设计、_____和系统维护 4 个不同的阶段。

3. 数据库应用系统开发的分析阶段,要在信息收集的基础上确定系统开发的_____。

4. 数据库应用系统开发的分析阶段,要明确数据库应用系统的_____。

5. 数据库应用系统开发设计的首要任务,就是对数据库应用系统在全局性基础上进行全面的_____。

6. 数据库应用系统开发的实施阶段,主要任务是按系统功能模块的设计方案,具体实施系统的_____的建立。

7. 在数据库应用系统开发的实施阶段,一般采用_____的设计思路和步骤来开发系统。

8. 设计数据库应用系统时,要做到每一个模块易维护、易修改,并使每一个功能模块尽量小而简明,使_____数目尽量少。

9. 在数据库应用系统维护阶段,要修正数据库应用系统的_____,增加新的性能。

10. 在数据库应用系统规划设计阶段,其核心内容是设计数据库应用系统的_____。

11. 数据库应用系统主页是整个系统最高一级的_____。

12. 系统登录工作窗口是用来控制操作员使用系统时的_____。

13. 系统菜单起着_____系统功能的关键作用。

14. 数据库应用系统菜单是通过_____集合而成的。

15. 数据库是整个系统运行过程中_____。

二、单选题

1. 一般的数据库应用系统的主控模块不包括的设计内容是(　　)。
   A. 系统主页　　　　B. 系统登录　　　　C. 系统主菜单　　　　D. 概念模型

2. 一般的数据库应用系统的主要功能模块不包括的是(　　)。
   A. 数据操作窗体　　B. 需求分析　　　　C. 统计报表　　　　D. 查询窗体

3. 一般的数据库应用系统的数据操作窗体不包括的是(　　)。
   A. 系统控制窗体　　B. 数据输入窗体　　C. 数据维护窗体　　D. 数据查询窗体

4. 在 Access 中,除系统菜单外还能控制和协调数据库应用系统操作的数据库对象是(　　)。

A. 数据操作窗体　　B. 报表　　　　C. 控制面板窗体　　D. 查询

5. 通过打印机打印输出的格式文件是(　　)。

A. 报表　　　　　B. 查询　　　　C. 窗体　　　　D. 表

三、简答题

1. 数据库应用系统开发的一般过程是什么？

2. 数据库应用系统的主要功能模块有哪些？

3. 数据库应用系统中菜单的作用是什么？

4. 数据库应用系统中数据维护窗体要具有哪些必备的功能？

5. 数据库应用系统中数据输入窗体要具有哪些必备的功能？

6. 数据库应用系统中数据查询窗体要具有哪些必备的功能？

7. 数据库应用系统中报表的作用是什么？

8. 数据库应用系统中控制面板窗体的作用是什么？

9. 数据库应用系统中控制面板窗体具有哪些必备的功能？

10. 将数据库(MDC)文件生成(MDE)文件前,要对数据库(MDC)文件备份吗？为什么？

第 11 章　数据共享与安全

一、填空题

1. Access 中的数据库对象，通过进行_____操作，可以在其他系统软件环境下使用，实现不同系统间的资源共享。

2. 在 Access 中，可以将当前数据库中的_____导出到另一数据库中。

3. 在 Access 中，可以将当前数据库中的_____导出到 Microsoft Excel 中。

4. 密码中若使用英文字母要注意_____。

5. 要确保数据库不被别人使用、修改及窃用，用户可以给数据库_____。

6. 将 Access 中的数据表、查询中的数据导出到_____中，就能够实现 Access 中的数据与其他高级语言程序的共享。

7. 把 Microsoft Excel 数据_____到 Access 数据库中，可以扩大 Access 数据库的资源。

8. 利用 Access 数据库中的数据，通过导出数据的操作，可以方便快捷地创建 Word 邮件合并的_____。

9. 数据库之间的数据库对象_____，事实上就是数据库间的数据传递的操作。

10. 在 Access 数据库中，可以使用数据传送的方法，实现_____的充分利用和互补。

二、单选题

1. 数据库对象导出到另一数据库中，在功能上是（　　）。
   A. 转换成 txt 数据格式　　　　　　　B. 转换成 Microsoft Excel 数据格式
   C. 复制和粘贴　　　　　　　　　　　D. 转换成 Microsoft Word 文本格式

2. 在 Access 中，不能将当前数据库中的数据库对象导入到（　　）。
   A. Excel　　　　　B. 查询　　　　　C. 另一数据库　　　D. 数据表中

3. 在 Access 中，不能进行导入、导出操作的是（　　）。
   A. 数据库　　　　B. 查询　　　　　C. 表　　　　　　　D. 窗体

4. 在设置自动启动的窗体的设置窗口时，不用定义窗体的（　　）。
   A. 名称　　　　　B. 大小　　　　　C. 标题　　　　　　D. 图标

5. 为了保证数据库的安全，最好给数据库设置（　　）。
   A. 用户与组的账号　　　　　　　　　B. 用户与组的权限
   C. 数据库别名　　　　　　　　　　　D. 数据库密码

三、简答题

1. 什么是数据的导入？

2．什么是数据的导出？

3．在同一个数据库中是否可以进行数据导入、导出操作？作用是什么？

4．在不同的数据库中是否可以进行数据导入、导出操作？作用是什么？

5．在不同的软件环境下是否可以进行数据导入、导出操作？作用是什么？

6．设置用户与组的权限的作用是什么？

7．设置数据库密码的作用是什么？

8．设置"数据库密码"和设置"用户与组的权限"有什么不同？

9．自动启动窗体的作用是什么？

10．MDC 文件与 MDE 文件有什么不同？

第 12 章　应用系统开发案例

一、填空题

1. 创建 Access 数据库,是创建数据库应用_____的第一步。
2. 数据库中表一旦创建完成,便可以_____,这是数据库建立的另一个重要环节。
3. 数据库应用系统中的工作界面,都是通过不同功能的_____。
4. 系统主页窗体具有介绍_____名称、开发者、版本编号,以及通过"图标"引领用户进入数据库应用系统等功能。
5. 系统控制面板窗体指明了_____功能,并为用户提供了通过命令按钮实现数据库应用系统功能的手段。
6. _____指明了数据库应用系统的查询功能,并为用户提供了通过命令按钮实现数据库应用系统查询功能的手段。
7. 数据窗体主要包括_____等几种类型的窗体。
8. 数据库应用系统的信息输出,除了通过窗体输出以外,还可以通过_____输出。
9. 数据库应用系统的报表在更多的情况下,是以_____,这类报表的数据源是以多表创建查询后形成的多表报表。
10. "控制面板"窗体的设计过程是通过设计_____来完成的。

二、单选题

1. 设置默认数据库文件夹是在(　　　)进行的。
   A. 表设计器　　　B. 查询设计器　　　C. "选项"窗口　　　D. 设计器
2. 数据维护窗体不包括的窗体是(　　　)。
   A. 数据输入窗体　B. 数据修改窗体　C. 数据查询窗体　D. 控制面板窗体
3. 若要"菜单"挂在窗体上,就要定义窗体的(　　　)属性。
   A. 标题　　　　　B. 菜单栏　　　　C. 高度　　　　　D. 宽度
4. 控制窗体不包括的窗体是(　　　)。
   A. 数据维护窗体　B. 控制面板窗体　C. 系统主页窗体　D. 系统登录窗体
5. 实用的数据库应用系统不能没有(　　　)。
   A. 数据表　　　　B. 报表　　　　　C. 控制面板窗体　D. 查询

三、简答题

1. 使用 SQL 语句与使用查询设计器创建查询有什么不同?
2. 使用控制面板与使用菜单控制数据库应用系统的操作流程有什么不同?
3. 表和查询在数据库应用系统的中的作用是什么?
4. 窗体与报表两种输出信息的方式有什么不同?
5. 宏在程序中的作用是什么?

第二部分

实　　验

第13章 数据库设计

相关知识点：
- 数据规范化的思想。
- 关系模型的性质。
- 数据库的分析、设计过程和方法。
- 数据库中表间关系的分析及描述方法。

【实验目的】

根据某房产开发管理公司从事日常经营管理的需要，设计一个管理信息数据库。

【实验要求】

（1）设计一张数据总表。

（2）根据数据规范化的原则将其分解成多张具体表。

（3）对多表间的关系进行分析。

（4）将多张数据表及它们之间的关系组织成一个数据库。

【操作步骤】

（1）为了能够有效地从事日常的经营管理，必须全面掌握该公司的房产资源、销售情况、付款情况、业务员情况、购房客户情况等各种有关信息。为了便于把握和利用这些信息，需将这些信息组织在一张二维表格中，这样做的结果就得到了一张"某开发公司房产资源管理信息总表"，详细内容如表 2-13-1 所示。

（2）从表 2-13-1 中不难看出，这张表不但没有满足关系模型的性质，而且也不符合数据规范化的原则。由于是将所有信息组织在一张二维表格中，一方面内容显得有些庞杂和零乱，有许多数据重复出现，造成数据的冗余，这必然导致数据存储空间的浪费，使数据的输入、查找和修改变得更加麻烦，另一方面还有许多应把握的信息没有详尽地体现出来，因此欲利用单张表格来管理全部数据的这种做法并非是科学的。为了能够更方便、有效地使用这些信息资源，使其满足关系模型的性质，我们可根据数据规范化的原则，规范这些数据资源，将这个复杂且不规范的大表分解成多个相互关联的规范数据表，让这些分开的数据表之间依赖于某个特定的关键字段保持一定的关联关系，从而可使得数据库中各个表的结构更具合理性，从而有效地改进上述缺点。

为此，我们可以将某开发公司房产资源管理信息总表（表 2-13-1），分解成某开发公司房产资源基本情况表（表 2-13-2）、某开发公司房产销售情况表（表 2-13-3）、某开发公司售出房产付款情况表(表 2-13-4)、某开发公司客户基本情况表(表 2-13-5)和某开发公司业务员基本情况表(表 2-13-6)这五个独立的数据表。其具体的结构及内容详见各表。

(3)表间的关系分析:若想保证在表 2-13-2、表 2-13-3、表 2-13-4、表 2-13-5 和表 2-13-6 都具有独立性的基础上,全面体现表 2-13-1 中的全部信息所反映的内容,就需要通过表间的关联关系把它们有效地组织起来,从而形成一个有机的整体。

通过对表 2-13-2、表 2-13-3、表 2-13-4、表 2-13-5 和表 2-13-6 这五个表具体结构的分析,可以得知它们之间存在着如下一些关系。

① 表 2-13-2 和表 2-13-3 之间可通过共同的关键字段"房源代码",建立表间的一对一关联关系。

② 表 2-13-3 和表 2-13-5 之间可通过共同的关键字段"客户代码",建立表间的一对一关联关系。

③ 表 2-13-3 和表 2-13-4 之间可通过共同的关键字段"房源代码",建立表间的一对多关联关系。

④ 表 2-13-5 和表 2-13-4 之间可通过共同的关键字段"客户代码",建立表间的一对多关联关系。

⑤ 表 2-13-3 和表 2-13-6 之间可通过共同的关键字段"业务员代码",建立表间的多对一关联关系。

(4)把前面设计的五个独立的数据表(表 2-13-2、表 2-13-3、表 2-13-4、表 2-13-5、表 2-13-6)放到一个数据库中,建立起各表间的关联关系。

表2-13-1 某开发公司房产资源管理信息总表

房源情况						销售情况				付款情况			客户姓名	业务员姓名
房源代码	详细地址	户型	总面积	成本单价	竣工日期	售出日期	成交单价	成交金额	付款方式	付款日期	付款金额	累计付款额		
T1305	泰来小区1栋305	两室两厅	120	1100	97/01/15	98/03/01	1500	180 000	一次性	98/03/15	180 000	180 000	刘思强	高万里
J3425	君安花园3栋425	两室一厅	102	1200	98/05/01	98/10/20	1600	163 200	分期	98/11/01 99/10/10	80 000 50 000	80 000 130 000	赵志刚	孙进东
T1306	泰来小区1栋306	三室两厅	125	1100	97/01/15	98/09/15	1500	187 500	一次性	98/09/25	187 500	187 500	李飞	高万里
J2320	君安花园2栋320	三室两厅	128	1200	98/05/01	99/05/01	1600	204 800	分期	99/05/15 00/01/15	100 000 50 000	100 000 150 000	胡天来	孙进东
T2201	泰来小区2栋201	一室一厅	80	1100	97/01/15	99/02/02	1400	112 000	分期	99/02/20 00/05/10	60 000 52 000	60 000 112 000	吴松森	高万里
J1428	君安花园1栋428	一室一厅	80	1200	98/05/01	99/10/10	1500	120 000	一次性	99/10/30	120 000	120 000	高万年	孙进东

表 2-13-2 某开发公司房产资源基本情况表

房源代码	详 细 地 址	户 型	总面积	成本单价	竣工日期	是否已售出
T1305	泰来小区 1 栋 305	两室两厅	120	1100	1997/01/15	是
T1306	泰来小区 1 栋 306	三室两厅	125	1100	1997/01/15	是
T2201	泰来小区 2 栋 201	一室一厅	80	1100	1997/01/15	是
T1605	泰来小区 1 栋 605	两室两厅	120	1100	1997/01/15	否
T1106	泰来小区 1 栋 106	三室两厅	125	1100	1997/01/15	否
T2501	泰来小区 2 栋 501	一室一厅	80	1100	1997/01/15	否
J3425	君安花园 3 栋 425	两室一厅	102	1200	1998/05/01	是
J2320	君安花园 2 栋 320	三室两厅	128	1200	1998/05/01	是
J1428	君安花园 1 栋 428	一室一厅	80	1200	1998/05/01	是
J3125	君安花园 3 栋 125	两室一厅	102	1200	1998/05/01	否
J2720	君安花园 2 栋 720	三室两厅	128	1200	1998/05/01	否
J1728	君安花园 1 栋 728	一室一厅	80	1200	1998/05/01	否

表 2-13-3 某开发公司房产销售情况表

房源代码	售出日期	成交单价	成交金额	付款方式	房款结清否	客户代码	业务员代码
T1305	1998/03/01	1500	180 000	一次性	是	K001	Y001
T1306	1998/09/15	1500	187 500	一次性	是	K002	Y001
J3425	1998/10/20	1600	163 200	分期	否	K003	Y002
T2201	1999/02/02	1400	112 000	分期	是	K004	Y001
J2320	1999/05/01	1600	204 800	分期	否	K005	Y002
J1428	1999/10/10	1500	120 000	一次性	是	K006	Y002

表 2-13-4 某开发公司售出房产付款情况表

房源代码	客户代码	付款日期	付款金额	累计付款金额	收 款 员
T1305	K001	1998/03/15	180 000	180 000	李淼
T1306	K002	1998/09/25	187 500	187 500	李淼
J3425	K003	1998/11/01	80 000	80 000	李淼
T2201	K004	1999/02/20	60 000	60 000	李淼
J2320	K005	1999/05/15	100 000	100 000	李淼
J3425	K003	1999/10/10	50 000	130 000	李淼
J1428	K006	1999/10/30	120 000	120 000	李淼
J2320	K005	2000/01/15	50 000	150 000	李淼
T2201	K004	2000/05/10	52 000	112 000	李淼

表 2-13-5　某开发公司客户基本情况表

客户代码	姓名	性别	民族	工作单位	身份证号码	联系电话
K001	刘思强	男	汉	泰安证券股份公司	220101631111123	5757234
K002	李飞	男	蒙	长龙电器股份公司	220104570122151	6868678
K003	赵志刚	男	汉	长铁分局二外	220103601010123	6767223
K004	吴松森	男	满	秋林集团四百货	220101591212333	8686337
K005	胡天来	男	汉	海华大学	220105620606337	8934346
K006	高万年	男	朝	市自来水公司	220102660625117	8633779

表 2-13-6　某开发公司业务员基本情况表

业务员代码	姓名	性别	民族	所属部门	身份证号码	联系电话
Y001	高万里	男	汉	销售一部	220102691123315	7676334
Y002	孙进东	男	汉	销售二部	220103731230517	6565225
Y003	李虹	女	汉	销售一部	220104760405222	5858629
Y004	赵莹	女	汉	销售二部	220103700909424	8544362

第14章 数据库的创建与使用

相关知识点：

- 数据库的创建方法和过程；
- 如何设置数据库的默认文件夹；
- 如何设置数据库的相关属性。

14.1 实验：创建空数据库

【实验目的】

根据第 13 章实验的设计结果，创建一个房产信息管理系统数据库，命名为"fcxxgl"。

【实验要求】

通过"文件"菜单下的"新建"命令，基于"数据库"模板创建空数据库。

【操作步骤】

（1）在 Access 主菜单下，打开"文件"菜单，选择"新建"选项，进入"新建"窗口，如图 2-14-1 所示。

图 2-14-1　创建空数据库

（2）在"Access 系统首页"选择"空白数据库"图标，然后在"文件名"下的文本框内输入所建数据库的名称 fcxxgl，最后单击"创建"按钮，一个空数据库创建完成。

（3）在"数据库"窗口，按"退出"按钮，结束数据库 fcxxgl 的创建。

14.2 实验：设置默认文件夹

【实验目的】

设置"房产信息管理"数据库 fcxxgl 的默认文件夹。

【实验要求】

利用 Access 的"选项"工具,将"房产信息管理"数据库"fcxxgl"的默认文件夹设置为"E:\ 房产信息管理"。

【操作步骤】

(1) 在"Access 系统首页",打开"选项"命令,进入"选项"窗口,如图 2-14-2 所示。

图 2-14-2 "选项"窗口

(2) 在"选项"窗口,在"默认数据库文件夹"文本框中,输入默认的文件夹名称,再按"确定"按钮,从而确定数据库文件存取的位置。

第 15 章　表的创建与使用

相关知识点：

- 表的多种创建方法和过程；
- 如何设置字段的显示格式；
- 如何设置字段的显示标题；
- 如何设置字段的有效性规则；
- 各种类型字段内容的输入方法及技巧。
- 怎样对表中的记录进行筛选；
- 怎样对表中的记录进行排序；
- 索引的种类以及各类索引的建立方法；
- 表间关联关系的建立方法及过程。

15.1　实验：创建表

【实验目的】

创建一个房源销售表，表文件名定义为 fyxsb。

【实验要求】

依照表 2-15-1，利用表设计器创建一个空表。

表 2-15-1　房源销售表的结构

字段名称	数据类型	字段大小	小数位数	字段名称	数据类型	字段大小	小数位数
Fydm	文本	5		Fkjqf	是/否		
Scrq	日期/时间			Khdm	文本	4	
Cjdj	货币		0	Ywydm	文本	4	
Cjje	货币		0	Bz	备注		
Fkfs	文本	10					

【操作步骤】

操作步骤如下：

（1）打开数据库 fcxxgl。

（2）在"Access 系统"窗口，打开"创建"选项卡，单击"表设计"按钮，进入"表设计"窗口，如图 2-15-1 所示。

（3）依次定义表的结构，逐一定义每个字段的名称、类型、字段大小及小数位数，再按

"另存为"按钮,进入"另存为"窗口。

(4)在"另存为"窗口,输入表名 fyxsb,再按"确定"按钮,返回"数据库"窗口。

图 2-15-1　定义"表"结构窗口

15.2　实验:设置字段的格式属性

【实验目的】

根据房产资源表 fczyb 的记录内容,定义其中部分字段的格式属性。

【实验要求】

在"表"结构设计窗口中,分别设置以下字段的格式属性:

(1)将"房源代码"字段的格式设为右对齐。

(2)将"详细地址"字段的格式设为左对齐,默认值为"泰来小区"。

(3)将"户型"字段的格式设为右对齐,默认值为"两室一厅"。

(4)将"总面积"字段的格式设为保留两位小数,加千位分隔点,并自动显示计量单位"平方米"。

(5)将"成本单价"字段的格式设为"货币"样式。

(6)将"竣工日期"字段,将其格式设为"年/月/日"格式,并且年份占四位,月份占两位,日期占两位。

【操作步骤】

(1)打开数据库 fcxxgl。

（2）在"数据库"窗口中，选择表 fczyb，单击"表设计"按钮，进入"表设计"窗口。

（3）在"表设计"窗口，选定"房源代码"字段，将其格式设为右对齐，如图 2-15-2 所示。

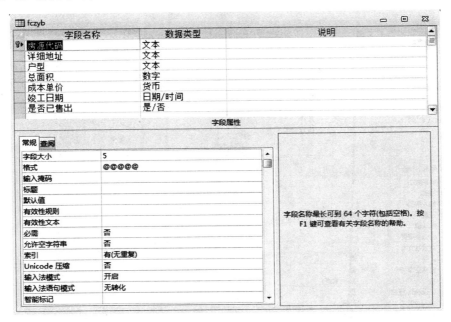

图 2-15-2　设字段格式右对齐

（4）在"表设计"窗口，选定"详细地址"字段，将其格式设为左对齐，默认值为"泰来小区"，如图 2-15-3 所示。

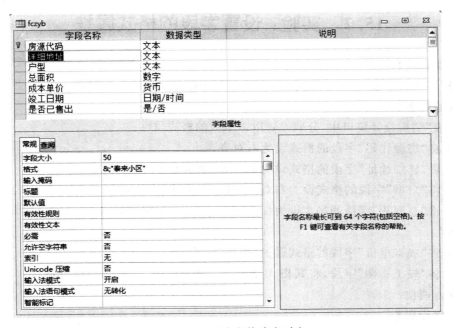

图 2-15-3　设字段格式左对齐

（5）在"表设计"窗口,选定"户型"字段,将其格式设为右对齐,默认值为"两室一厅",如图 2-15-4 所示。

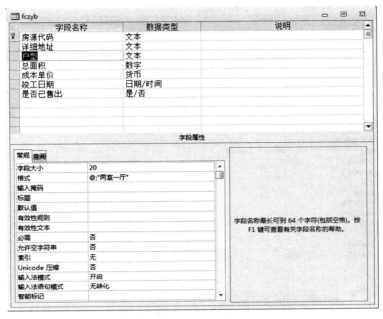

图 2-15-4 设默认值

（6）在"表设计"窗口,选定"总面积"字段,将其格式设为保留两位小数,加千位分隔点,并自动显示计量单位"平方米",如图 2-15-5 所示。

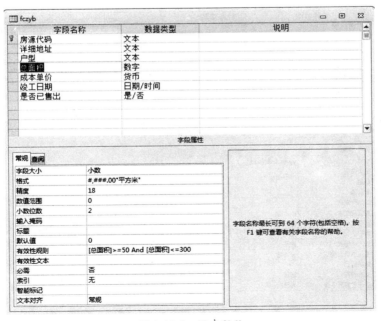

图 2-15-5 设小数位

（7）在"表设计"窗口，选定"成本单价"字段，将其格式设为"货币"样式，如图 2-15-6 所示。

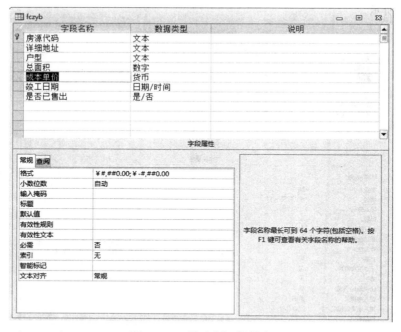

图 2-15-6　设为"货币"样式

（8）在"表设计"窗口，选定"竣工日期"字段，将其格式设为"年/月/日"格式，并且年份占四位，月份占两位，日期占两位，如图 2-15-7 所示。

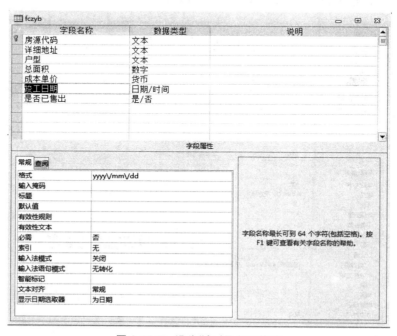

图 2-15-7　设为"年/月/日"格式

（9）保存表，返回"数据库"窗口。

15.3　实验：设置字段的有效性规则

【实验目的】

设置房产资源表 fczyb 中的"总面积"字段的有效性规则。

【实验要求】

利用"表设计"器具，将"总面积"字段的允许值范围定义在 50 平方米至 300 平方米之间。

【操作步骤】

（1）打开数据库 fcxxgl。

（2）打开表 fczyb。

（3）在"表设计"窗口，选中"总面积"字段，再选中"有效性规则"编辑框，再按 ▦ 按钮，打开"表达式生成器"窗口。

（4）在"表达式生成器"窗口中，定义"总面积"字段的有效规则的具体内容，条件表达式定义为：［总面积］≥50 And ［总面积］≤300，如图 2-15-8 所示。

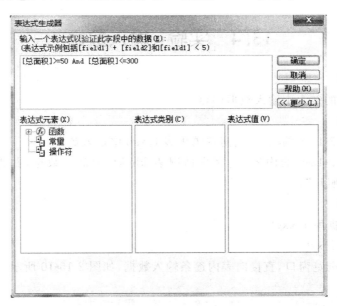

图 2-15-8　定义字段的有效规则

（5）单击"确定"按钮，返回"表结构"窗口，此时条件表达式已自动出现在"有效性规则"文本框中，如图 2-15-9 所示。

（6）保存表 fczyb，返回"数据库"窗口。

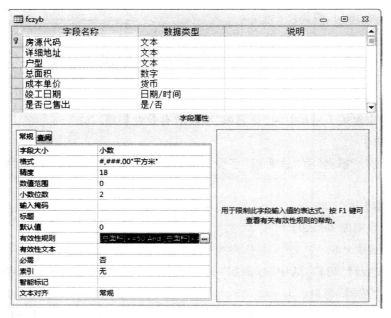

图 2-15-9 "总面积"字段的有效规则

15.4 实验：输入数据

【实验目的】

向已经建好的空表中输入数据内容。

【实验要求】

（1）根据表 2-13-3 的内容，向房源销售表 fyxsb 中输入数据。

（2）根据表 2-13-5 的内容，向客户情况表 khqkb 中输入数据，并为每个记录添加 OLE 类型数据"照片"。

【操作步骤】

（1）打开数据库 fcxxgl。

（2）打开表 fyxsb。

（3）在"表"浏览窗口，直接向表内逐条输入数据，如图 2-15-10 所示。

图 2-15-10 向表 fyxsb 输入数据

（4）数据输入完毕后，用鼠标单击"关闭"按钮，保存数据并返回到数据库窗口。

（5）选中表"khqkb"，选择"打开"命令，进入"表"浏览窗口，在该窗口中向表内逐条输入数据，如图 2-15-11 所示。

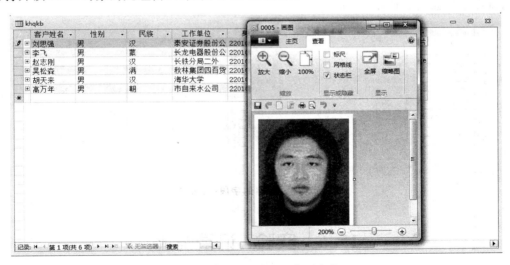

图 2-15-11　向表 khqkb 输入数据

（6）单击某个记录的"照片"字段位置，将光标置于其中。

（7）用鼠标选择"插入"菜单中的"对象"命令，打开"插入对象"对话框。

（8）用鼠标选中"由文件创建"选项，单击"浏览"按钮，打开"浏览"对话框。

（9）在"查找范围"下拉列表框中选定图片文件所在的文件夹，在文件名列表中选定所需要的图片文件名，再单击"确定"按钮，返回"插入对象"对话框。此时包含路径的完整文件名已出现在相应的文本框中，单击"确定"按钮，返回表浏览窗口。

（10）在"表"浏览窗口中，若要查看 OLE 类型字段的具体内容，只需双击该字段，即可打开该 OLE 对象的处理窗口，如图 2-15-12 所示。

图 2-15-12　查看 OLE 类型字段

（11）重复步骤（4）～（8），可为每个记录分别加入一幅照片。

（12）所有数据输入完毕后，用鼠标单击"关闭"按钮，保存数据并返回到数据库窗口。

15.5 实验：记录排序

【实验目的】

对房产资源表 fczyb 中的记录进行排序整理。

【实验要求】

按"总面积"字段的值进行升序排序。

【操作步骤】

（1）打开数据库 fcxxgl。

（2）打开选择表 fczyb，如图 2-15-13 所示。

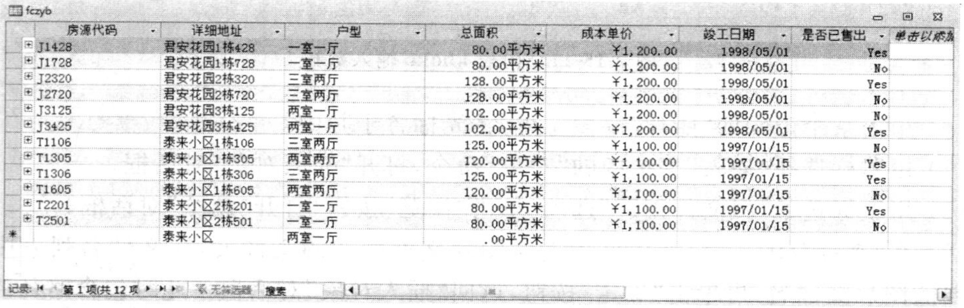

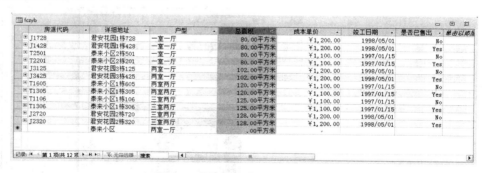

图 2-15-13　表 fczyb

（3）在"表"浏览窗口，选定要排序的字段（总面积），打开"快捷"菜单，选择"升序"命令，排序结果如图 2-15-14 所示。

图 2-15-14　排序的字段（总面积）

15.6 实验：记录筛选

【实验目的】

对房产资源表 fczyb 中的记录进行筛选。

【实验要求】

从房产资源表 fczyb 中筛选出"总面积"为 80 平方米的相关记录。

【操作步骤】

（1）打开数据库窗口 fcxxgl。

（2）打开选择表 fczyb。

（3）在"表"浏览窗口，选择"筛选"选项卡中的
"高级筛选/排序"选项，进入"自定义筛选"窗口，如
图 2-15-15 所示。

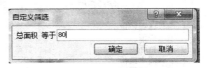

图 2-15-15 "自定义筛选"窗口

（4）在"自定义筛选"窗口，输入"80"，按"确定"按钮，筛选结果如图 2-15-16 所示。

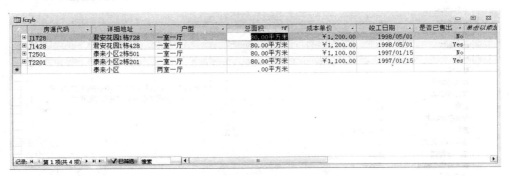

图 2-15-16 筛选结果

15.7 实验：建立索引

【实验目的】

为数据表设置主键及建立有关索引。

【实验要求】

（1）给房产资源表 fczyb 设置"主键"，其"主键"的字段名为：房源代码。

（2）给房源销售表 fyxsb 中的 fydm 字段创建无重复索引。

【操作步骤】

（1）打开数据库窗口 fcxxgl。

（2）选择表 fczyb，进入"表设计"窗口。

（3）在"表设计"窗口，选定可作为主键的字段（房源代码），再打开"编辑"菜单，选择
"主键"选项，则指定的字段即被定义成了主键，在该字段的前面会自动出现一个符号 ，
如图 2-15-17 所示。

（4）保存表 fczyb，结束该表的主键定义过程。

（5）在"数据库"窗口中，选择表 fyxsb 为操作对象，进入"表设计"窗口。

（6）在"表设计"窗口，选定要建立索引的字段 fydm，再打开"常规"选项卡中的"索
引"下拉框，选择其中的"有（无重复）"选项，如图 2-15-18 所示。

（7）保存表 fyxsb，结束字段 fydm 索引的创建过程。

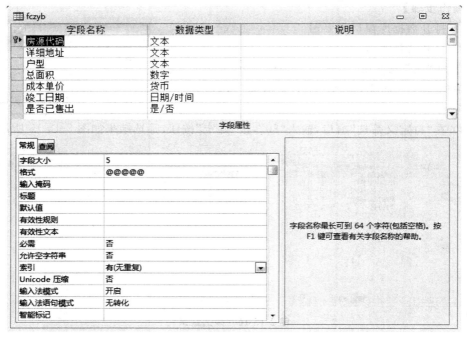

图 2-15-17　定义主键

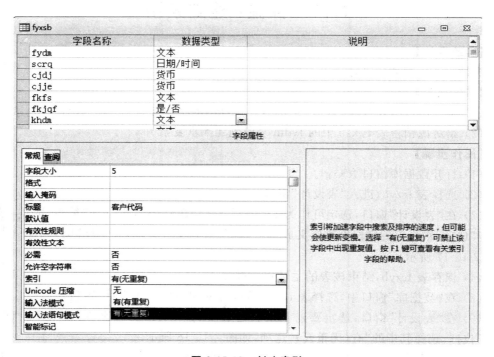

图 2-15-18　创建索引

15.8 实验：建立表间的关联

【实验目的】

为房产信息管理数据库 fcxxgl 五个表 fczyb、fcxsb、fkqkb、khqkb、ywyqkb 建立表间的关联关系。

【实验要求】

(1) 为有关的数据表建立必需的索引。

(2) 建立父表 fyxsb 与子表 fczyb 间的"一对一"关系。

(3) 建立父表 fyxsb 与子表 khqkb 间的"一对一"关系。

(4) 建立父表 fyxsb 与子表 fkqkb 间的"一对多"关系。

(5) 建立父表 fyxsb 与子表 ywyqkb 间的"多对一"关系。

(6) 建立父表 khqkb 与子表 fkqkb 间的"一对多"关系。

【操作步骤】

(1) 打开数据库窗口 fcxxgl。

(2) 将房源销售表 fyxsb 按其如下字段分别建立索引。

① 按其 fydm(房源代码)字段建立"无重复"索引。

② 按其 khdm(客户代码)字段建立"无重复"索引。

③ 按其 ywydm(业务员代码)字段建立"有重复"索引。

(3) 将房产资源表 fczyb 按其"房源代码"字段建立"无重复"索引。

(4) 将付款情况表 fkqkb 按其如下字段分别建立索引：

① 按其"房源代码"字段建立"有重复"索引。

② 按其"客户代码"字段建立"有重复"索引。

(5) 将客户情况表 khqkb 按其"客户代码"字段建立"无重复"索引。

(6) 将业务员情况表 ywyqkb 按其"业务员代码"字段建立"无重复"索引。

(7) 在"数据库"窗口，打开"数据库"选项卡，选择"关系"选项，进入"关系"窗口，同时弹出"显示表"对话框。

(8) 在"显示表"窗口，将表 zcpd、kycj、xlqk、zrqk、jssk、ssbm、shgx 逐一添加到"关系"窗口中。

(9) 在"关系"窗口中，将表 fczyb 中的字段(房源代码)拖到表 fcxsb 中的字段 fydm 的位置，弹出"编辑关系"窗口。

(10) 在"编辑关系"窗口中，选择"实施参照完整性"，再按"创建"按钮，两表间就有了一条连线，由此 fczyb、fcxsb 两表间就建立起了一个永久性的关联关系。

(11) 重复步骤(9)～(10)的操作，即可将数据库中其他表间的关联关系逐个建立起来。最终的结果如图 2-15-19 所示。

(12) 关闭"关系"窗口，保存关系，保存数据库。

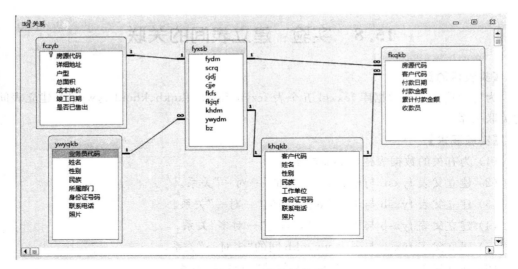

图 2-15-19　表间的关联

第16章 查询的创建与使用

相关知识点:

- 如何利用设计视图创建多表查询;
- 交叉表查询的创建方法;
- 如何在查询中使用查询参数;
- 如何利用查询不匹配项查询向导创建查询;
- 如何利用简单查询向导创建带有分组统计项目的多表查询。

16.1 实验:多表查询

【实验目的】

建立一个名为 xsqkcx 的有关房源销售情况的多表查询。

【实验要求】

以房产资源表 fczyb、房源销售表 fyxsb、客户情况表 khqkb、业务员情况表 ywyqkb 为数据来源,查询的运行结果如图 2-16-1 所示。

图 2-16-1 查询的运行结果

【操作步骤】

(1) 打开数据库 fcxxgl。

(2) 在"数据库"窗口,选择"创建"选项卡。

(3) 在"创建"选项卡中,打开"查询工具"工作区。

(4) 在"查询工具"工作区中,选择"查询设计",进入"显示表"窗口,如图 2-16-2 所示。

(5) 在"显示表"对话框中,依次选定查询所需要的数据来源表并单击"添加"按钮,将它们添加到"查询"窗口,如图 2-16-3 所示。

(6) 在"查询"窗口,在"字段"列表框中,打开"字段"下拉框,选择所需字段,或者将数据源中的字段直接拖到字段列表框内,如图 2-16-4 所示。

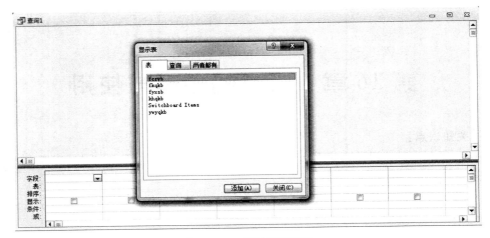

图 2-16-2 "显示表"窗口

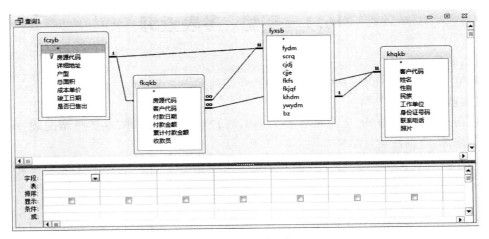

图 2-16-3 "查询"窗口

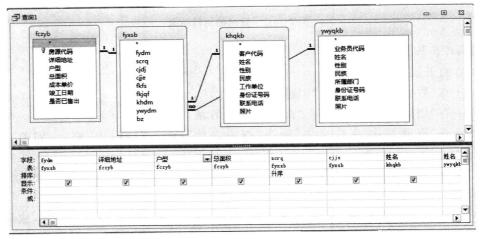

图 2-16-4 选择可用字段

(7) 在"查询"窗口,保存查询 xsqkcx,结束查询的创建。

16.2　实验：交叉表查询

【实验目的】

建立一个名为 fkqkcx 的交叉表查询。

【实验要求】

以付款情况表 fkqkb 为数据来源,利用"交叉表查询向导"建立查询,查询运行结果,如图 2-16-5 所示。

房源代码	总计 付款金额	1998	1999	2000
J1428	¥120,000.00		¥120,000.00	
J2320	¥150,000.00		¥100,000.00	¥50,000.00
J3425	¥130,000.00	¥80,000.00	¥50,000.00	
T1305	¥180,000.00	¥180,000.00		
T1306	¥187,500.00	¥187,500.00		
T2201	¥112,000.00		¥60,000.00	¥52,000.00

记录: 第1项(共6项) ▶ ▶ ▶* 无筛选器 搜索

图 2-16-5　查询结果

【操作步骤】

(1) 打开数据库 fcxxgl。

(2) 在"数据库"窗口,选择"创建"选项卡。

(3) 在"创建"选项卡中,打开"查询工具"工作区。

(4) 在"查询工具"工作区中,选择"查询向导",进入"新建查询"窗口,如图 2-16-6 所示。

(5) 在"新建查询"窗口,选中"交叉表查询向导"选项,单击"确定"按钮,进入"交叉表查询向导"窗口,如图 2-16-7 所示。

图 2-16-6　"新建查询"窗口

图 2-16-7　"交叉表查询向导"窗口

（6）在"交叉表查询向导"窗口,选中要作为数据来源的表 fkqkb,单击"下一步"按钮,进入"交叉表查询向导"(字段选择)窗口,如图 2-16-8 所示。

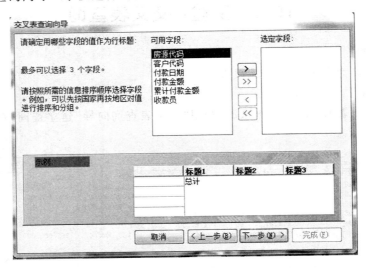

图 2-16-8　选择字段窗口

（7）在"可用字段"列表中选中"房源代码"字段,单击"＞"按钮,将其移入"选定字段"列表中,使其成为行标题,单击"下一步"按钮。

（8）在字段名列表中选中"付款日期",将其指定为交叉表的列标题,单击"下一步"按钮。

（9）在列表中选中"年"为时间间隔,单击"下一步"按钮。

（10）在"字段"列表中选定"付款金额"作为被计算的对象,在"函数"列表中选Count,单击"下一步"按钮,如图 2-16-9 所示。

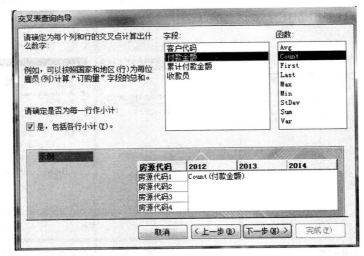

图 2-16-9　选中 Count

(11) 在"查询"窗口,保存查询 fkqkcx,结束查询的创建。

16.3 实验:参数的查询

【实验目的】

建立一个名为 ywyyjcx 的带参数的查询。

【实验要求】

以房源销售表 fyxsb 和业务员情况表 ywyqkb 为数据来源,运行查询时,只需输入业务员的姓名,就可查到该业务员的销售业绩,查询运行结果,如图 2-16-10、图 2-16-11 所示。

图 2-16-10 输入业务员的姓名

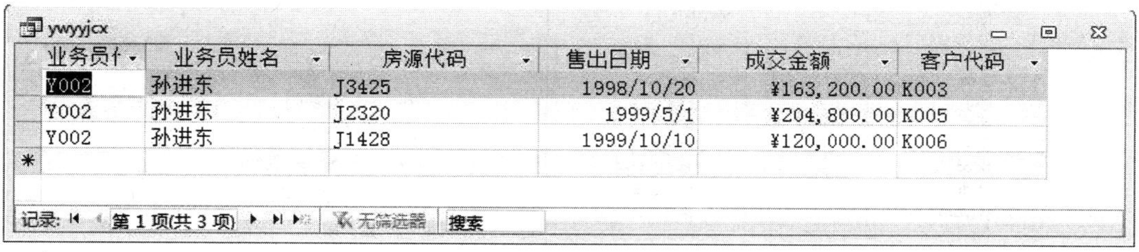

业务员f ▾	业务员姓名 ▾	房源代码 ▾	售出日期 ▾	成交金额 ▾	客户代码 ▾
Y002	孙进东	J3425	1998/10/20	¥163,200.00	K003
Y002	孙进东	J2320	1999/5/1	¥204,800.00	K005
Y002	孙进东	J1428	1999/10/10	¥120,000.00	K006

记录: ◄ 第1项(共3项) ► ►◄ ▾◄ 无筛选器 搜索

图 2-16-11 ywyyjcx 运行结果

【操作步骤】

(1) 打开数据库 fcxxgl。

(2) 在"数据库"窗口,选择"创建"选项卡。

(3) 在"创建"选项卡中,打开"查询"选项卡。

(4) 在"查询工具"选项卡中,选择"查询设计",进入"显示表"窗口。

(5) 在"显示表"对话框中,依次选定 fyxsb 和 ywyqkb,添加到"查询"窗口,选定各列所要显示的字段内容,如图 2-16-12 所示。

(6) 在"查询"窗口,打开快捷菜单,如图 2-16-13 所示。

(7) 在"快捷菜单"下,选择"参数"命令,进入"查询参数"窗口。

(8) 在"查询参数"对话框中,输入参数名称"业务员姓名"和参数的类型"文本",单击"确定"按钮,返回"查询"窗口,如图 2-16-14 所示。

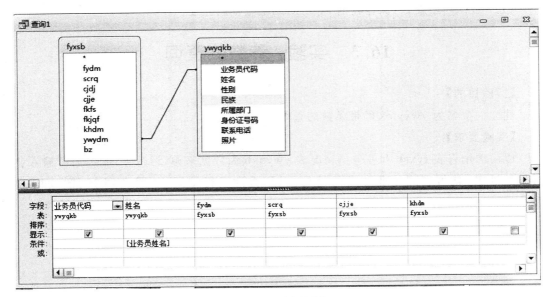

图 2-16-12 "查询"窗口

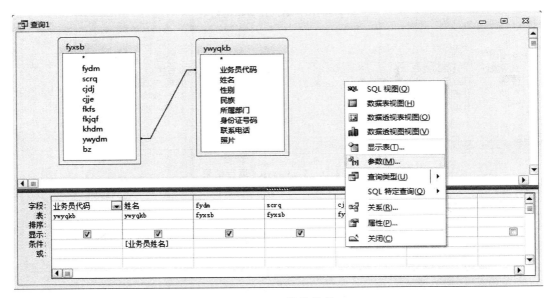

图 2-16-13 快捷菜单

（9）在"查询"窗口，将光标置于"姓名"列中的"准则"行处，单击"生成器"按钮，打开"表达式生成器"窗口。

（10）在"表达式生成器"窗口，输入：［姓名］＝［业务员姓名］，单击"确定"按钮返回"查询"窗口，如图 2-16-15 所示。

图 2-16-14 "查询参数"窗口

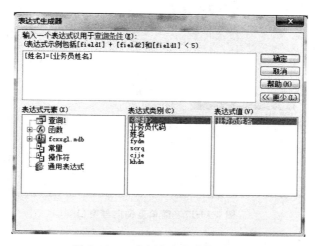

图 2-16-15 "表达式生成器"窗口

（11）在"查询"窗口,保存查询 ywyyjcx,结束查询的创建。

16.4 实验:统计查询

【实验目的】

建立一个名为 khljfkqkcx 的统计查询。

【实验要求】

以客户情况表 khqkb、房源销售表 fyxsb、付款情况表 fkqkb 为数据来源,再从原表中统计出每个客户的最后一次付款日期、付款金额合计、付款次数等指标。查询结果如图 2-16-16 所示。

【操作步骤】

（1）打开数据库 fcxxgl。

图 2-16-16　khljfkqkcx 运行结果

（2）在"数据库"窗口，选择"创建"选项卡。

（3）在"创建"选项卡中，打开"查询"选项卡。

（4）在"查询工具"选项卡中，选择"查询向导"，进入"新建查询"窗口。

（5）在"新建查询"窗口，选择"简单查询向导"选项，单击"确定"按钮，将弹出简单查询向导窗口，如图 2-16-17 所示。

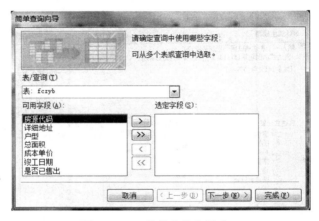

图 2-16-17　简单查询向导窗口

（6）在"表/查询"下拉列表框中选定表名 khqkb，然后选定该表中的"客户代码"和"姓名"两个字段，如图 2-16-18 所示。

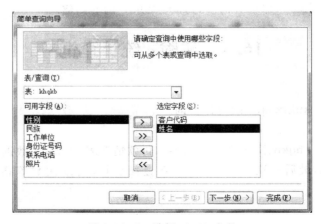

图 2-16-18　选择 khqkb 字段

（7）在"表/查询"下拉列表框中选定表 fyxsb，然后选定该表中的 fydm、cjje、fkfs 和 scrq 四个字段，如图 2-16-19 所示。

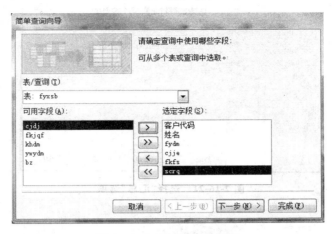

图 2-16-19　选择 fyxsb 字段

（8）在"表/查询"下拉列表框中选定表 fkqkb，然后选定该表中的"付款日期"和"付款金额"两个字段，如图 2-16-20 所示。

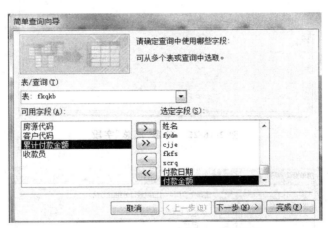

图 2-16-20　选择 fkqkb 字段

（9）在"查询向导"窗口，单击"下一步"按钮，进入"查询向导"的另一个窗口，如图 2-16-21 所示。

（10）在"查询向导"窗口，单击"汇总选项"按钮，选中"付款金额"的"总计"复选框，单击"确定"按钮，进入"查询向导"的另一个窗口，如图 2-16-22 所示。

（11）在"查询向导"窗口，单击"下一步"按钮，进入"查询向导"的另一个窗口。

（12）在"查询向导"窗口，选中"唯一日期/时间"选项，如图 2-16-23 所示。

（13）在"查询向导"窗口，单击"下一步"按钮，在查询标题文本框中输入该查询的名称 khljfkqkcx，如图 2-16-24 所示。

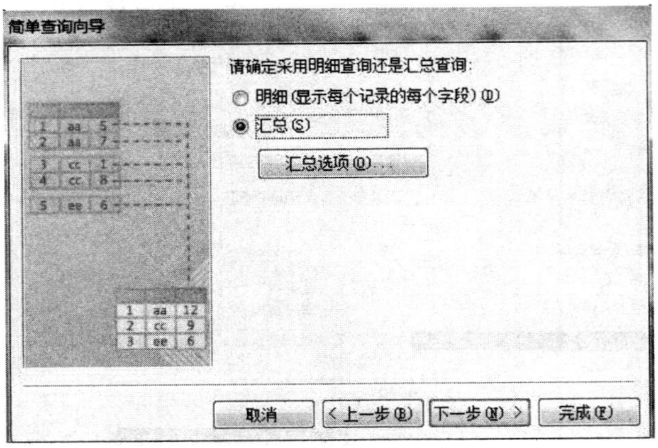

图 2-16-21　选择“汇总”选项

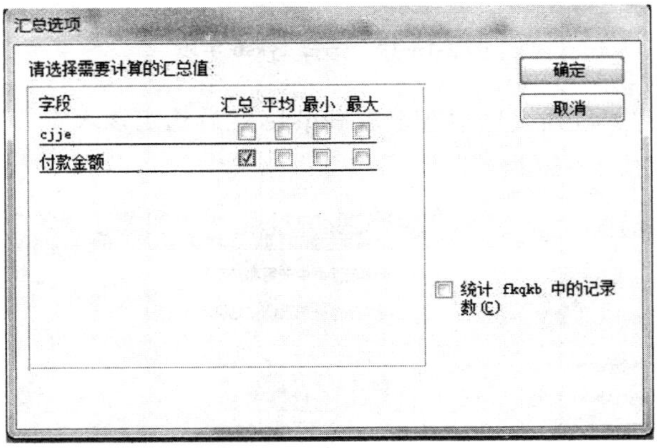

图 2-16-22　确定“汇总”字段

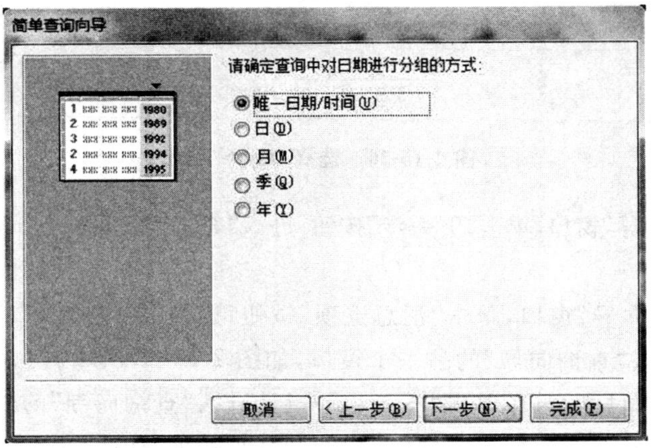

图 2-16-23　选中“唯一日期/时间”选项

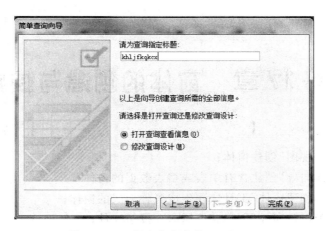

图 2-16-24　保存多表查询 khljfkqkcx

（14）在"查询向导"窗口，单击"保存"按钮，结束多表查询 khljfkqkcx 的创建。

第17章　窗体的创建与使用

相关知识点：

- 利用"设计视图"创建窗体；
- 利用"窗体向导"创建含有单表或多表数据的窗体；
- 利用"自动创建窗体"工具快速生成各种形式的窗体；
- 利用"命令按钮向导"创建和使用命令按钮控件；
- 利用"组合框向导"创建和使用组合框控件；
- 利用"子窗体向导"创建和使用子窗体控件；
- 选项卡控件的创建和使用。

17.1　实验：创建维护窗体

【实验目的】

创建"业务员信息维护"窗体。

【实验要求】

利用窗体设计视图创建窗体，通过它可以对业务员情况表 ywyqkb 中的记录进行浏览、修改和添加，如图 2-17-1 所示。

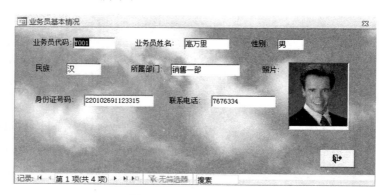

图 2-17-1　数据维护窗体

【操作步骤】

（1）打开数据库 fcxxgl。

（2）在"数据库"窗口中，选择"创建"菜单，在"窗体"选项卡中，单击"窗体设计"按钮，进入"窗体"的设计窗口，如图 2-17-2 所示。

（3）在"窗体设计"窗口，在快捷菜单中选择"表单属性"命令，进入"属性"窗口。

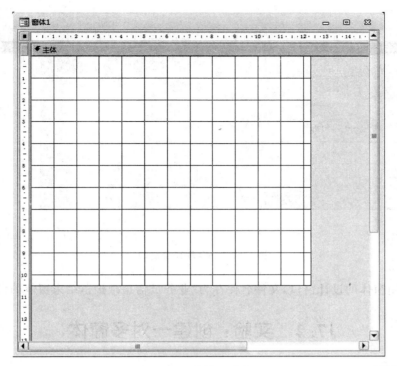

图 2-17-2　窗体设计窗口

（4）在"属性"窗口,确定"记录源"ywyqkb,如图 2-17-3 所示。

（5）在窗体设计窗口,选择"窗体设计工具"选项,打开"设计"选项卡,按"添加现有字段"按钮,进入"字段列表"窗口,如图 2-17-4 所示。

图 2-17-3　"属性表"窗口

图 2-17-4　"字段列表"窗口

（6）在"字段列表"窗口,依次将所需字段拖到窗体中,并修改各标签控件、文本框控件、窗体背景的属性,如图 2-17-5 所示。

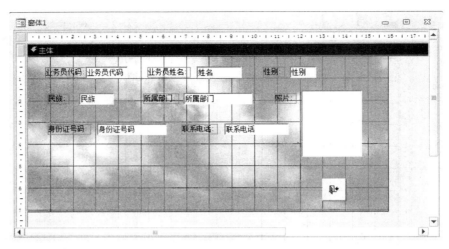

图 2-17-5 字段列表窗口

（7）关闭窗体的设计窗口，文件名保存为"业务员信息维护"，结束窗体的创建过程。

17.2 实验：创建一对多窗体

【实验目的】

创建"客户购房信息"窗体。

【实验要求】

设计"客户购房信息"窗体，并在其中插入"付款情况"子窗体，其运行结果如图 2-17-6 所示，窗体在显示购房客户的自然状况及购房信息的同时，能够自动显示出该客户的付款情况。

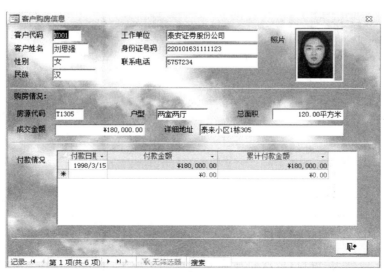

图 2-17-6 "客户购房信息"

【操作步骤】

(1) 打开数据库 fcxxgl。

(2) 在"数据库"窗口中,选择"创建"菜单,在"窗体"选项卡中,单击"窗体向导"按钮,进入"窗体向导"窗口。

(3) 在"窗体向导"窗口,选择对象数据的来源表 khqkb,选择可用字段,如图 2-17-7 所示。按"下一步"按钮。

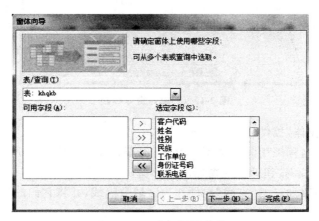

图 2-17-7　选择可用字段

(4) 在"窗体向导"窗口,确定窗体布局(纵栏表),如图 2-17-8 所示按"下一步"按钮。

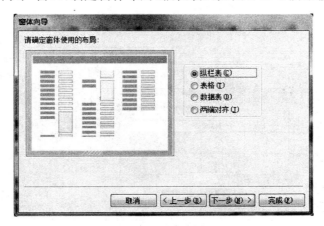

图 2-17-8　选择窗体布局

(5) 在"窗体向导"窗口,确定窗体的标题"客户购房信息",如图 2-17-9 所示。按"完成"按钮。

(6) 在"数据库"窗口中,选择"客户购房信息"窗体为操作对象,打开快捷菜单,选择"设计视图"命令,修改窗体。

(7) 将"照片"控件的"缩放模式"属性值改为"缩放"。

(8) 添加表 fczyb 中的"户型"、"总面积"、"祥细地址"三个字段。

(9) 对窗体的大小以及控件的布局进行重新调整,并新增一个"购房情况:"标签控件。

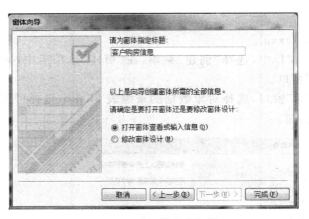

图 2-17-9　设计窗体标题

（10）添加"子窗体"控件（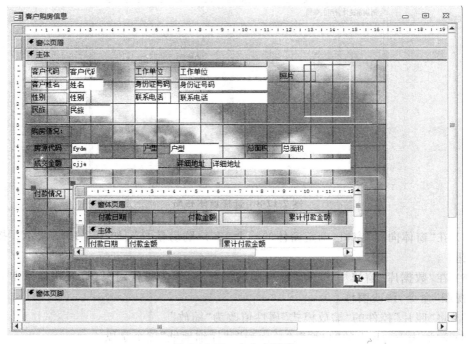）。

（11）子窗体的名称采用默认值不变（如有必要的话，也可在此处为子窗体重新指定一个新名），单击"完成"按钮返回主窗体的设计窗口。

（12）在窗体中添加三条"直线"控件作为区域分隔线，并将它们的"特殊效果"属性值设置为"凹陷"。

（13）为窗体设置一幅背景图片，并在其右下角添加一个用来关闭窗体的退出按钮。

（14）用鼠标右键打开主窗体的属性窗口，对窗体的有关属性进行重新设置，如图 2-17-10 所示。

图 2-17-10　加入子窗体

(15) 保存窗体,结束窗体(客户购房信息)的创建。

17.3　实验：创建查询窗体

【实验目的】

设计两个内容相关的窗体:"选择付款客户"窗体和"付款业务处理"窗体。

【实验要求】

(1) 创建"录入付款信息"子窗体。

(2) 创建"付款业务处理"主窗体。

(3) 在"付款业务处理"主窗体中插入"付款情况"子窗体。

(4) 在"付款业务处理"主窗体中插入"录入付款信息"子窗体。

(5) 创建另一个名为"选择付款客户"的独立窗体。

(6) 运行时先启动"选择付款客户"窗体,其运行界面如图 2-17-11 所示,鼠标单击组合框的下拉按钮,会在下拉列表中显示出所有已购房客户的姓名,从列表中选定某个名字,单击"确定"按钮,会自动启动"付款业务处理"窗体,其运行界面如图 2-17-12 所示。在该窗体中会自动显示出前面所选定客户的自然状况及已付款情况的有关信息。单击下面子窗口中的追加记录按钮(　▶*　),便可录入本次新的付款信息。

图 2-17-11　查询信息输入

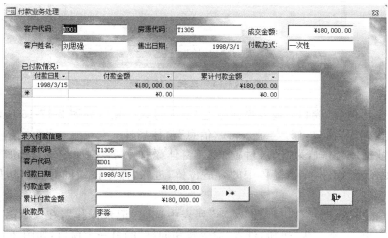

图 2-17-12　输出查询结果

【操作步骤】

（1）打开数据库 fcxxgl。

（2）在"数据库"窗口中,选择"创建"菜单。在"窗体"选项卡中,单击"窗体向导"按钮,进入"窗体向导"窗口。

（3）在"窗体向导"窗口,选择 fkqkb 为数据源。选择可用的字段,如图 2-17-13 所示。

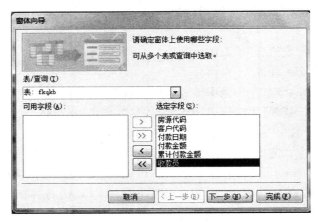

图 2-17-13　选择所需字段

（4）在"窗体向导"窗口,选择窗体布局,如图 2-17-14 所示。

图 2-17-14　选择窗体布局

（5）在"窗体向导"窗口,输入窗体标题"录入付款信息",如图 2-17-15 所示。

（6）在"数据库"窗口,修改"录入付款信息"窗体属性。

（7）在"数据库"窗口,为"录入付款信息"窗体添加一个"追加记录"按钮。选定"工具箱"中的"命令按钮"控件,单击窗体中的合适位置,进入"命令按钮向导"窗口,如图 2-17-16 所示。

（8）在"命令按钮向导"窗口,在"类别"列表中选定"记录操作",在"操作"列表中选定"添加新记录",单击"下一步"按钮,进入"命令按钮向导"的另一个窗口,如图 2-17-17 所示。

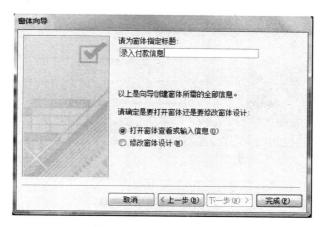

图 2-17-15　确定窗体标题

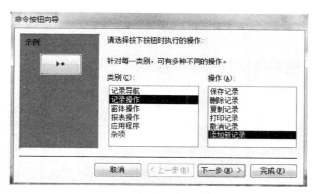

图 2-17-16　选择操作

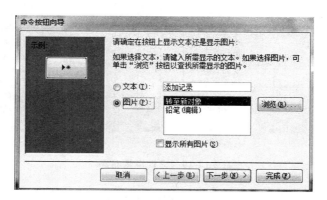

图 2-17-17　确定命令按钮样式

（9）在"命令按钮向导"窗口，单击"图片"选项按钮，在列表中选定"转至新对象"选项，单击"完成"按钮，返回"窗体设计"窗口。

（10）在"窗体设计"窗口，打开"属性"窗口，对窗体的有关属性进行重新设置，如图 2-17-18 所示。

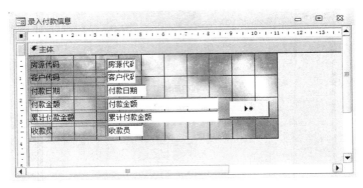

图 2-17-18　修改窗体属性

(11) 保存"录入付款信息"窗体创建。

(12) 在"数据库"窗口中,选择"创建"菜单,在"窗体"选项卡中,单击"窗体向导"按钮,进入"窗体向导"窗口。

(13) 在"窗体向导"窗口,选定"查询"(khgfqkcx)为操作对象。同步骤(3)～(6)相同,设计"付款业务处理"窗体并修改相关属性,如图 2-17-19 所示。

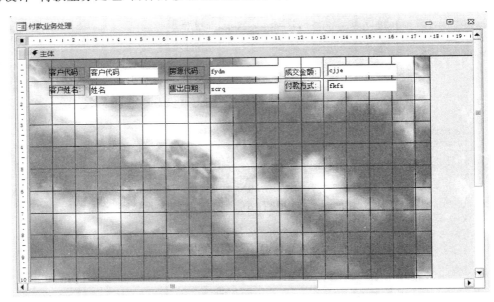

图 2-17-19　设计窗体布局

(14) 在"数据库"窗口中,添加第一个子窗体,打开"子窗体向导"窗口,如图 2-17-20 所示。

(15) 在"子窗体向导"窗口,在列表中选定窗体"付款情况",单击"下一步"按钮,进入"子窗体向导"的另一个窗口。

(16) 在"子窗体向导"的另一个窗口,输入子窗体的名称"已付款情况:",结束子窗体添加,如图 2-17-21 所示。

(17) 用同样方法添加窗体"录入付款信息"。

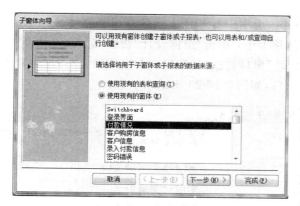

图 2-17-20　选择添加子窗体数据源

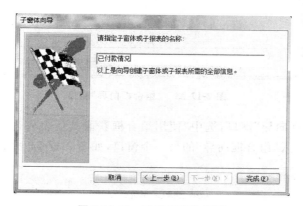

图 2-17-21　确定子窗体标题

（18）打开"属性"窗口，对窗体的有关属性进行重新设置，如图 2-17-22 所示。

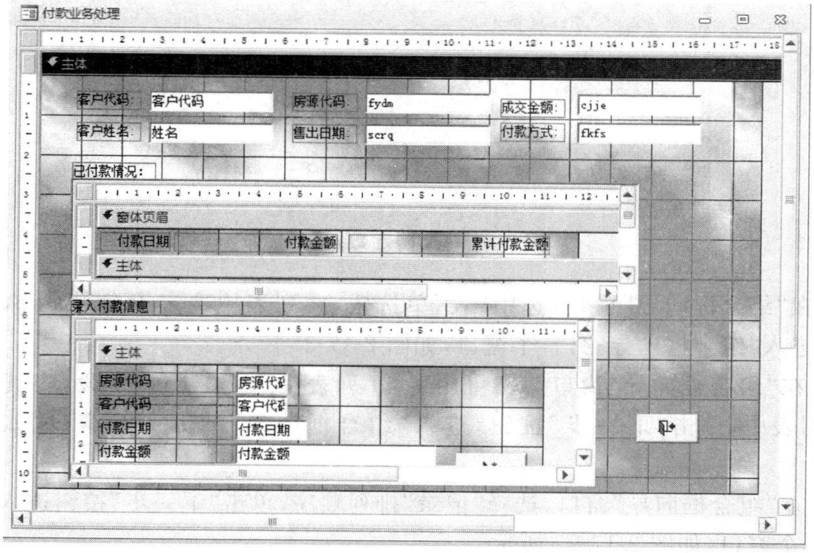

图 2-17-22　修改窗体属性

(19) 接下来创建一个用于打开该主窗体的引导窗体。在"数据库"窗口中,选择"创建"菜单,在"窗体"选项卡中,单击"窗体设计"按钮,进入"窗体设计"窗口。

(20) 在"窗体设计"窗口,先合理调整一个窗体的大小,再为其添加一个组合框控件,进入"组合框向导"窗口,如图 2-17-23 所示。

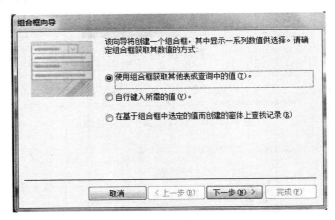

图 2-17-23 "组合框向导"窗口

(21) 在"组合框向导"窗口,选中"使用组合框获取其他表或查询中的值"单选钮,单击"下一步"按钮,进入"组合框向导"的另一个窗口,如图 2-17-24 所示。

图 2-17-24 确定数据来源表

(22)在"组合框向导"窗口,选中"表"单选钮,在列表中选定表名 khqkb,单击"下一步"按钮,进入"组合框向导"另一个窗口,如图 2-17-25 所示。

(23) 在"组合框向导"窗口,从"可用字段"列表中选定"姓名"字段,将其添加到"选定字段"列表中,单击"下一步"按钮,进入"组合框向导"的另一个窗口,如图 2-17-26 所示。

(24) 在"组合框向导"窗口,选择"记录"排列顺序,单击"下一步"按钮进入"组合框向导"的另一个窗口,如图 2-17-27 所示。

(25) 在"组合框向导"窗口,选择"组合框"的列宽,单击"下一步"按钮,进入"组合框

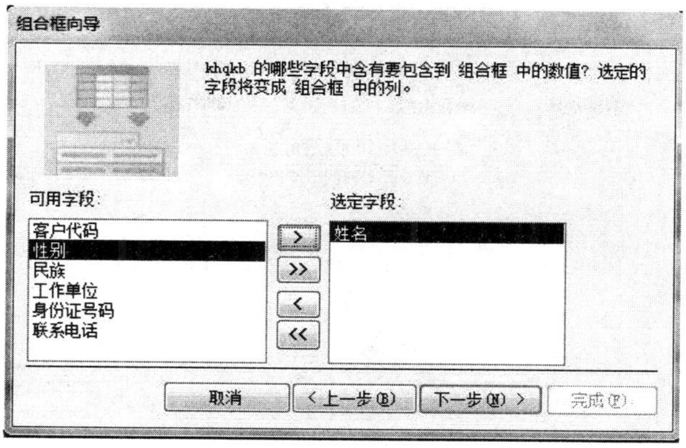

图 2-17-25 确定所用字段

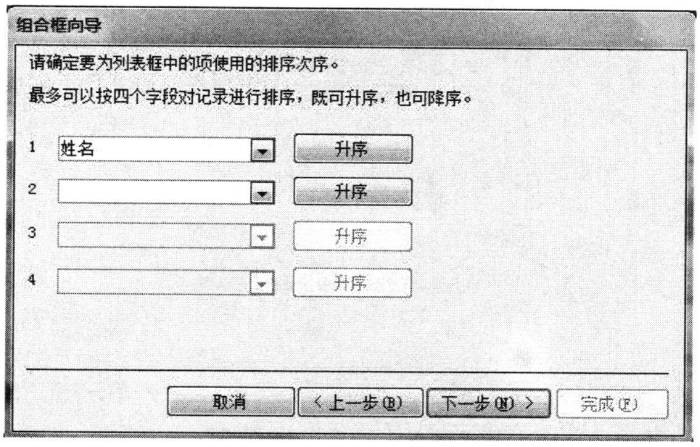

图 2-17-26 确定"记录"排列顺序

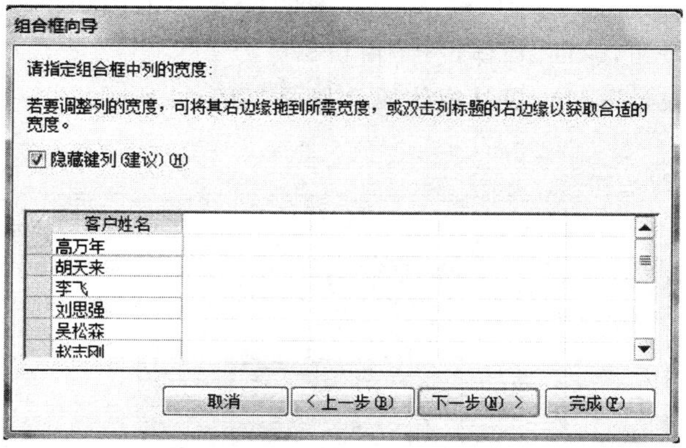

图 2-17-27 "组合框"显示样式

向导"的另一个窗口,如图 2-17-28 所示。

　　(26) 在"组合框向导"窗口,选中"记忆该数值供以后使用"单选钮,进入"组合框向导"的另一个窗口,如图 2-17-29 所示。

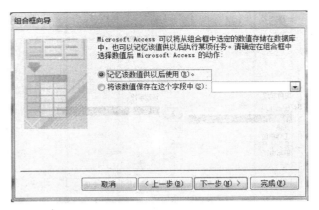

图 2-17-28　确定"组合框"显示列宽

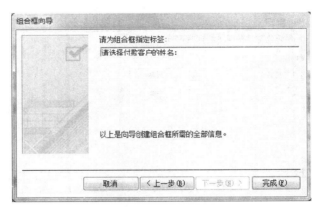

图 2-17-29　确定"组合框"标题

（27）在"组合框向导"窗口，输入组合框的标签文本内容"请选择付款客户的姓名："，单击"完成"按钮，返回"窗体设计"窗口。

（28）在"窗体设计"窗口，设计窗体属性如图 2-17-30 所示。

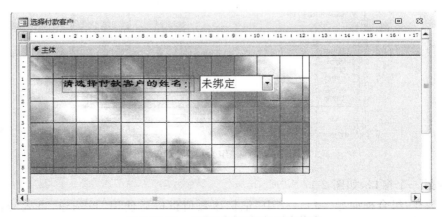

图 2-17-30　将"组合框"添加到窗体中

（29）在"窗体设计"窗口，添加一个"确认"按钮。首先，在"窗体设计工具箱"选择"命令按钮"控件，然后，单击一下窗体中的合适位置，打开"命令按钮向导"窗口，如图 2-17-31 所示。

图 2-17-31　确定"命令按钮"的操作

（30）在"命令按钮向导"窗口，在"类别"列表中选定"窗体操作"，在"操作"列表中选定"打开窗体"，单击"下一步"按钮，进入"命令按钮向导"的另一个窗口，如图 2-17-32 所示。

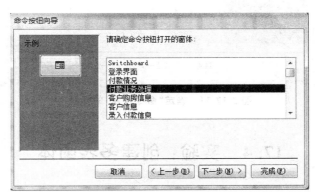

图 2-17-32　确定"命令按钮"的操作对象

（31）在"命令按钮向导"窗口，在"请确定命令按钮打开的窗体"列表中，选定"付款业务处理"，单击"下一步"按钮，进入"命令按钮向导"的另一个窗口，如图 2-17-33 所示。

（33）在"命令按钮向导"窗口，选定"打开窗体并显示所有记录"单选钮，单击"下一步"按钮，进入"命令按钮向导"的另一个窗口，如图 2-17-34 所示。

（34）在"命令按钮向导"窗口，单击"文本"选项按钮，在文本框中输入显示在按钮上的文字内容"确认"，单击"下一步"按钮，进入"命令按钮向导"的另一个窗口。

（35）在"命令按钮向导"窗口，确定"命令按钮"名称，单击"完成"按钮，返回"窗体设计"窗口。

（36）重复步骤（29）～（35）的过程，添加一个"退出"按钮（在"类别"列表中选定"窗体操作"，在"操作"列表中选定"关闭窗体"，在按钮上的文字内容是"退出"）。

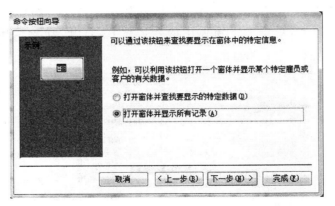

图 2-17-33 确定"命令按钮"的操作对象记录范围

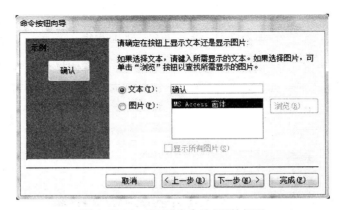

图 2-17-34 确定"命令按钮"的标题

17.4　实验：创建多表窗体

【实验目的】

设计两个内容相关的窗体："选择欲购房源"窗体和"销售业务处理"窗体,由它们联合实现房源销售过程中的数据采集功能。

【实验要求】

运行时先启动"选择欲购房源"窗体,其运行结果如图 2-17-35 所示。

用鼠标单击组合框的下拉按钮,在下拉列表中显示出所有尚未售出房源的代码,从列表中选定某个房源代码,单击"确认"按钮,打开"销售业务处理"窗体,如图 2-17-36 所示。

在"销售业务处理"窗体中,"待售房源信息"页面中会自动显示出前面所选定房源的详细信息。如果客户确认要购买此套房源,则选择"录入销售信息"选项卡,可录入该套房源的销售信息,如图 2-17-37 所示。

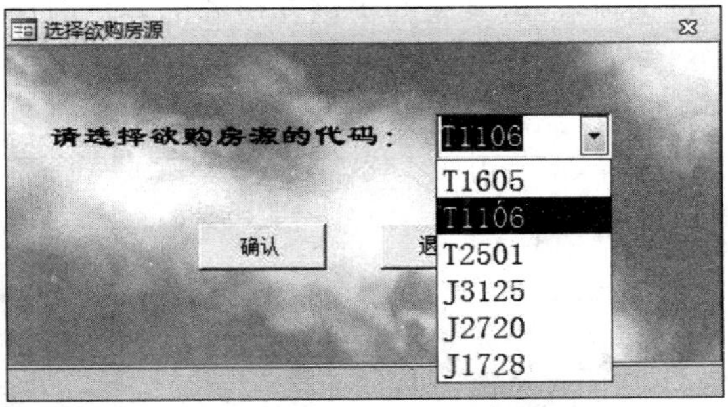

图 2-17-35 选择欲购房源

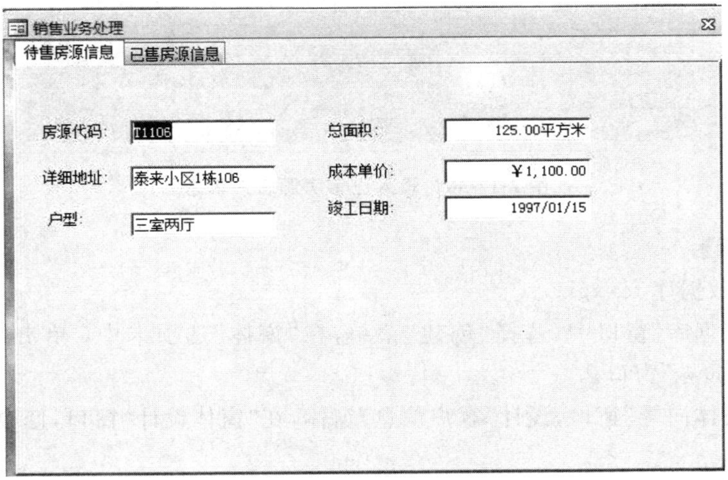

图 2-17-36 获得欲购房源信息

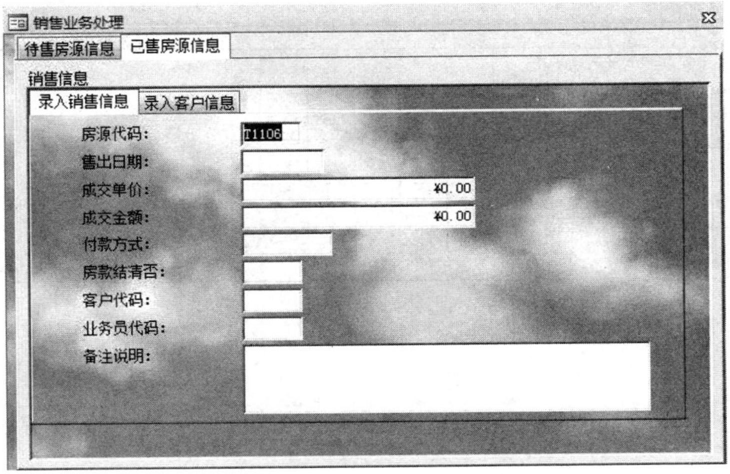

图 2-17-37 录入已售房源信息

选择"录入客户信息"选项卡,可录入购买该套房源的客户的详细信息,如图 2-17-38
所示。

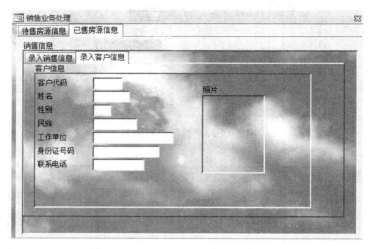

图 2-17-38 录入已售房源客户信息

【操作步骤】

(1) 打开数据库 fcxxgl。

(2) 在"数据库"窗口中,选择"创建"菜单,在"窗体"选项卡中,单击"窗体向导"按钮,进入"窗体向导"窗口。

(3) 在"窗体向导"窗口,设计"客户信息"窗体,在"窗体设计"窗口,修改相关属性,如图 2-17-39 所示。

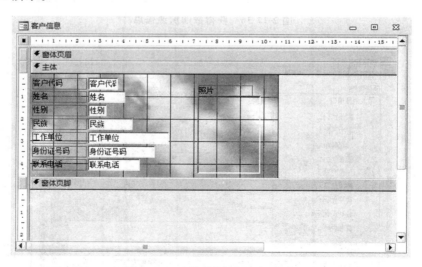

图 2-17-39 设计"客户信息"窗体

(4) 在"窗体向导"窗口,设计"销售信息"窗体,在"窗体设计"窗口修改相关属性,如

图 2-17-40 所示。

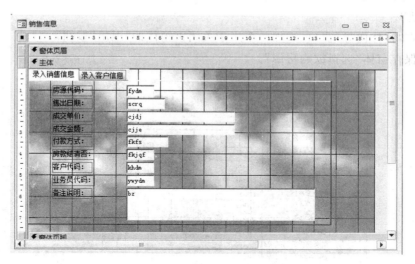

图 2-17-40 设计"销售信息"窗体

（5）在"窗体向导"窗口，添加"选项卡"控件，命名"销售业务处理"。设计选项卡有两个页面，其一显示"待售房源信息"，其二显示"已售房源信息"，如图 2-17-41 所示。

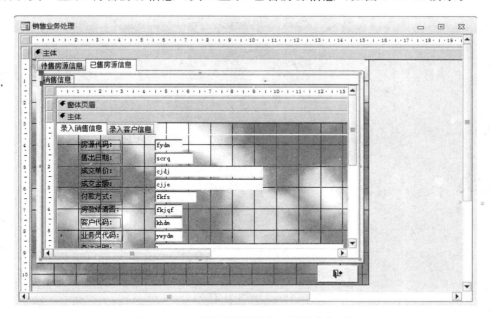

图 2-17-41 设计显示"待售房源信息"窗体

（6）在"窗体向导"窗口，在"已售房源信息"选项卡中，添加"选项卡"控件，命名"销售信息"，其一显示"销售信息"，其二显示"客户信息"，如图 2-17-42 所示。

（7）在"窗体向导"窗口，设计"选择欲购房源"窗体，确定组合框的标签文本内容"请选择欲购房源的代码："，添加一个"确认"按钮，在"类别"列表中选定"窗体操作"，在"操作"列表中选定打开窗体"销售业务处理",在文本框中输入显示在按钮上的文字内容"确认"。

（8）在"窗体向导"窗口,添加一个用于关闭该窗体的"退出"按钮。

（9）保存窗体"选择欲购房源"。

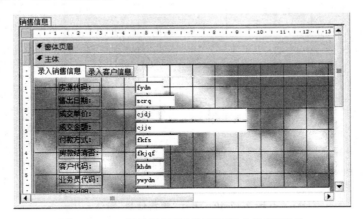

图 2-17-42　设计显示"已售房源客户信息"窗体

第 18 章　报表的创建与使用

相关知识点：

- 利用"报表向导"创建分组汇总报表；
- 利用"自动创建报表"工具创建纵栏式报表；
- 利用"自动创建报表"工具创建表格式报表。

18.1　实验：创建纵栏式报表

【实验目的】

创建一个纵栏式报表。

【实验要求】

以客户购房情况查询 khgfqkcx1 为数据来源，其运行结果如图 2-18-1 所示。

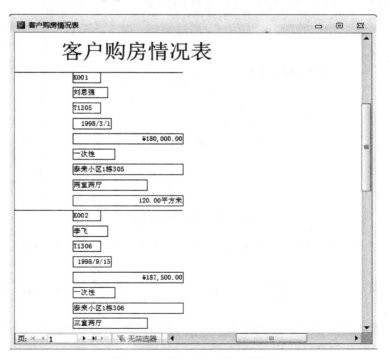

图 2-18-1　"客户购房情况"报表

【操作步骤】

（1）打开数据库 fcxxgl。

（2）在"数据库"窗口，选择"创建"菜单。在"报表"选项卡中，单击"报表向导"按钮，进入"报表向导"窗口，如图2-18-2所示。

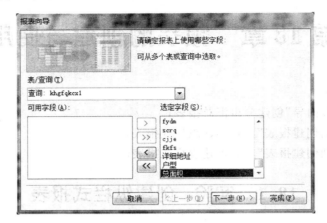

图 2-18-2　选择数据的来源

（3）在"报表向导"窗口，选择数据的来源"查询：khgfqkcx1"。选定所用的字段，单击"下一步"按钮，进入"报表向导"的另一个窗口，如图2-18-3所示。

图 2-18-3　选择分组字段

（4）在"报表向导"窗口，选择分组字段"户型"，单击"下一步"按钮，进入"报表向导"的另一个窗口，如图2-18-4所示。

（5）在"报表向导"窗口，选择排序字段"总面积"，单击"下一步"按钮，进入"报表向导"的另一个窗口，如图2-18-5所示。

（6）在"报表向导"窗口，选择报表布局和方向（递阶、纵向），单击"下一步"按钮，进入"报表向导"的另一个窗口，如图2-18-6所示。

（7）在"报表向导"窗口，定义报表标题"客户购房情况表"，保存报表。

（8）在"数据库"窗口，选择"报表"选项卡，单击"报表设计"按钮，进入"报表设计"窗口，修改报表属性，如图2-18-7所示。

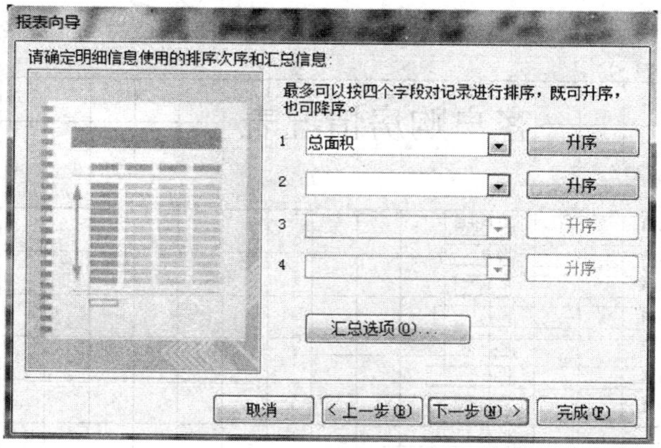

图 2-18-4　选择排序字段

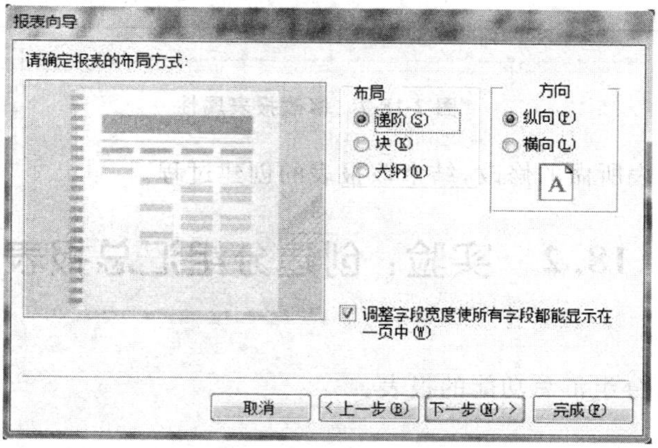

图 2-18-5　选择报表布局和方向

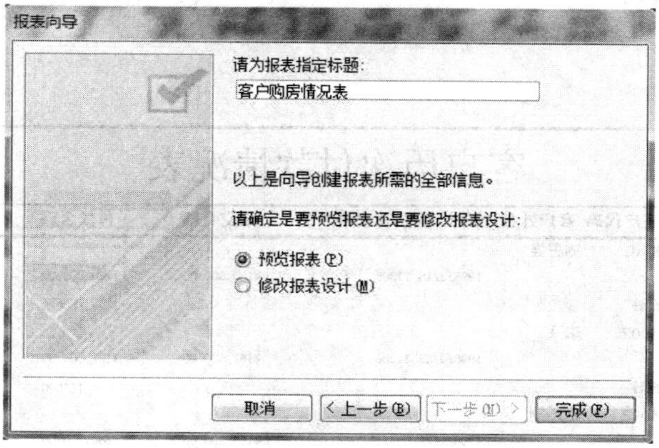

图 2-18-6　定义报表标题

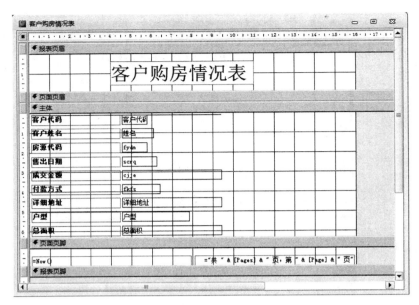

图 2-18-7　修改报表属性

（9）保存对报表所做的修改，结束该报表的创建过程。

18.2　实验：创建分组汇总报表

【实验目的】

创建一个具有分组汇总功能的报表。

【实验要求】

以客户历次付款情况查询 khlcfkqkcx 为数据来源，其运行结果如图 2-18-8 所示。

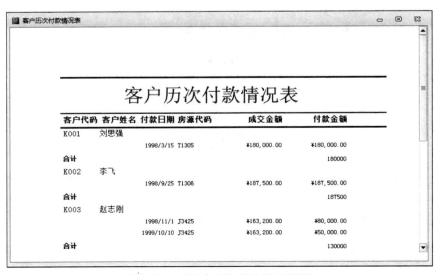

图 2-18-8　"客户历次付款情况"报表

【操作步骤】

（1）打开数据库 fcxxgl。

（2）在"数据库"窗口,选择"创建"菜单,在"报表"选项卡中,单击"报表向导"按钮,进入"报表向导"窗口,如图 2-18-9 所示。

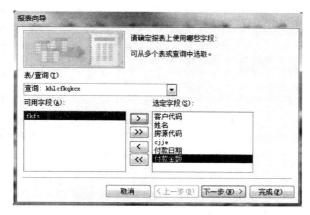

图 2-18-9　选择数据的来源

（3）在"报表向导"窗口,选择数据的来源"查询:khlcfkqkcx",选定所用的字段,单击"下一步"按钮,进入"报表向导"的另一个窗口,如图 2-18-10 所示。

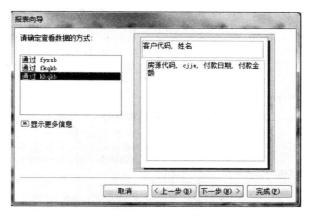

图 2-18-10　选择分组字段"姓名"

（4）在"报表向导"窗口,选择分组字段"姓名",单击"下一步"按钮,进入"报表向导"的另一个窗口,如图 2-18-11 所示。

（5）在"报表向导"窗口,选择排序字段"付款日期",单击"汇总选项"按钮,进入"报表向导"的另一个窗口,如图 2-18-12 所示。

（6）在"报表向导"窗口,选择需要计算的汇总字段,单击"确定"按钮,返回"报表向导"窗口,再单击"下一步"按钮,进入"报表向导"的另一个窗口,如图 2-18-13 所示。

（7）在"报表向导"窗口,选择报表布局和方向"递阶、纵向",单击"下一步"按钮,进入"报表向导"的另一个窗口,如图 2-18-14 所示。

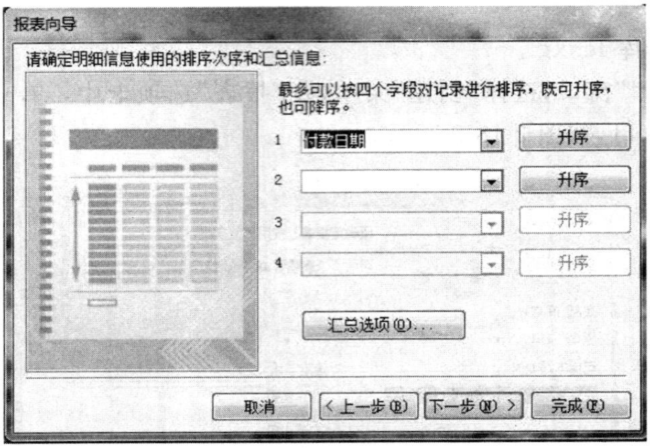

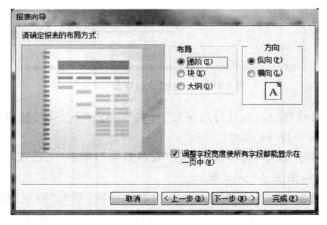

图 2-18-11 选择排序字段"付款日期"

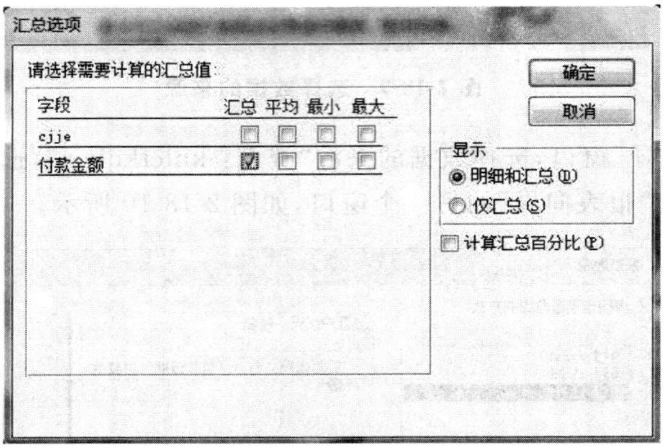

图 2-18-12 选择需要计算的汇总字段

图 2-18-13 选择报表布局和方向"递阶、纵向"

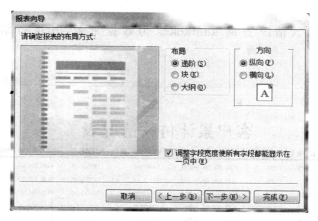

图 2-18-14 报表标题"客户历次付款情况表"

(8) 在"报表向导"窗口,定义报表标题"客户历次付款情况表",保存报表。

(9) 在"数据库"窗口,选择"报表"选项卡,单击"报表设计"按钮,进入"报表设计"窗口,修改报表属性,如图 2-18-15 所示。

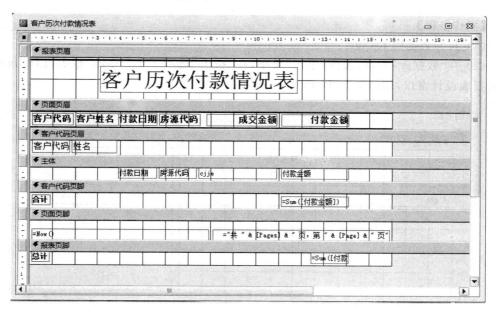

图 2-18-15 修改报表属性

(10) 保存对报表所做的修改,结束该报表的创建过程。

18.3 实验:创建表格式报表

【实验目的】

创建一个表格式报表。

【实验要求】

以客户累计付款情况查询 khljfkqkcx 为数据来源,其运行结果如图 2-18-16 所示。

客户代码	客户姓名	房源代码	成交金额	付款方式	售出日期	最后一次付款日期	累计付款金额	付款次数
K001	刘思强	T1305	¥180,000.00	一次性	1998/3/1	1998/3/15	¥180,000.00	1
K002	李飞	T1306	¥187,500.00	一次性	1998/9/15	1998/9/25	¥187,500.00	1
K003	赵志刚	J3425	¥163,200.00	分期	1998/10/20	1999/10/10	¥130,000.00	2
K004	吴松森	T2201	¥112,000.00	分期	1998/2/2	2000/5/10	¥112,000.00	2
K005	胡天来	J2320	¥204,800.00	分期	1999/5/1	2000/1/15	¥150,000.00	2
K006	高万年	J1428	¥120,000.00	一次性	1999/10/10	1999/10/30	¥120,000.00	1

2014年8月10日   共 1 页, 第 1 页

图 2-18-16　客户累计付款情况表

【操作步骤】

(1) 打开数据库 fcxxgl。

(2) 在"数据库"窗口,选择"创建"菜单,在"报表"选项卡中,单击"报表设计"按钮,进入报表设计窗口,如图 2-18-17 所示。

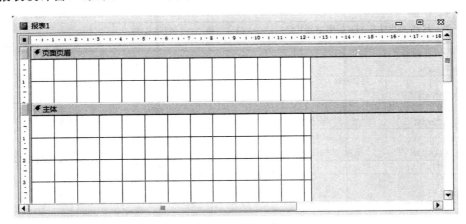

图 2-18-17　报表设计窗口

(3) 在报表设计窗口,选择数据的来源查询 khljfkqkcx,选定所用的字段,设计报表布局,如图 2-18-18 所示。

(4) 在报表设计窗口,设计报表控件属性,保存报表"客户累计付款情况表",结束该报表的创建过程。

图 2-18-18　设计报表控件属性

第 19 章　宏的创建与使用

相关知识点：

- 宏的创建过程；
- 宏的应用。

19.1　实验：创建宏

【实验目的】

创建几个宏，打开两个窗体，打开两个报表。

【实验要求】

（1）创建"客户信息"命令按钮，打开"客户信息"窗体。

（2）创建"销售信息"命令按钮，打开"销售信息"窗体。

（3）创建"客户购房情况表"命令按钮，打开"客户购房情况表"报表。

（4）创建"客户累计付款情况表"命令按钮，打开"客户累计付款情况表"报表。

（5）创建一个窗体，包含 4 个命令按钮，窗体布局如图 2-19-1 所示。

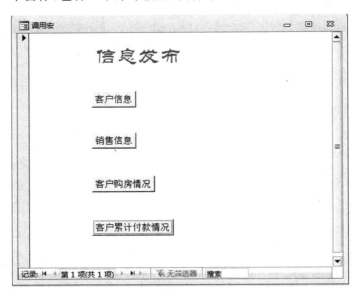

图 2-19-1　调用"宏"窗体

【操作步骤】

（1）打开数据库 fcxxgl。

（2）在"数据库"窗口，选择"创建"菜单，在"宏与代码"选项卡中，单击"宏"按钮，进入"宏设计"窗口，如图2-19-2所示。

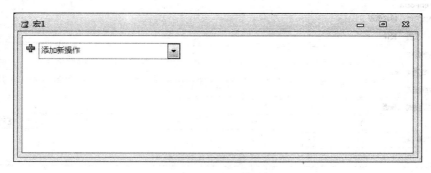

图2-19-2 "宏设计"窗口

（3）在"宏设计"窗口，选择"操作"OpenForm(打开"客户信息"窗体)，保存"宏"(宏1-1)，如图2-19-3所示。

图2-19-3 选择"操作"OpenForm(打开"客户信息"窗体)

（4）在"数据库"窗口，选择"创建"菜单，在"宏与代码"选项卡中，单击"宏"按钮，进入"宏设计"窗口。

（5）在"宏设计"窗口，选择"操作"OpenForm(打开"销售信息"窗体)，保存"宏"(宏1-2)，如图2-19-4所示。

（6）在"数据库"窗口，选择"创建"菜单，在"宏与代码"选项卡中，单击"宏"按钮，进入"宏设计"窗口。

（7）在"宏设计"窗口，选择"操作"OpenPeport(打开"客户购房情况表"报表)，保存"宏"(宏1-3)，如图2-19-5所示。

（8）在"数据库"窗口，选择"创建"菜单，在"宏与代码"选项卡中，单击"宏"按钮，进入"宏设计"窗口。

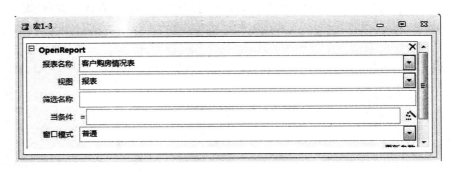

图 2-19-4　选择"操作"OpenForm（打开"销售信息"窗体）

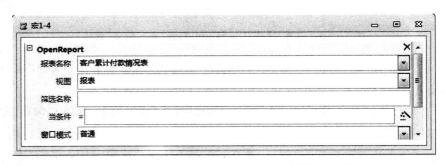

图 2-19-5　选择"操作"OpenPeport（打开"客户购房情况表"报表）

（9）在"宏设计"窗口，选择"操作"OpenPeport（打开"客户累计付款情况表"报表），保存"宏"（宏 1-4），如图 2-19-6 所示。

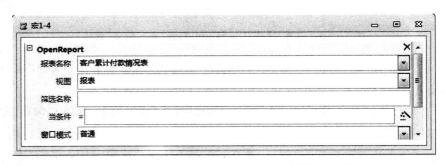

图 2-19-6　选择"操作"OpenPeport（打开"客户累计付款情况表"）

（10）在"数据库"窗口，选择"创建"菜单，在"窗体"选项卡中，单击"窗体设计"按钮，进入"窗体设计"窗口。

（11）在"窗体设计"窗口，依次添加"命令按钮"，并定义其属性如图 2-19-7 所示。

（12）保存窗体"调用宏"。

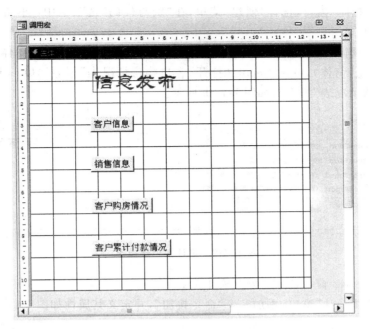

图 2-19-7　设计窗体"调用宏"

19.2　实验：创建多命令宏

【实验目的】

创建一个宏，打开两个窗体，打开两个报表。

【实验要求】

（1）创建一个宏组，打开"客户信息"窗体，打开"销售信息"窗体，打开"客户购房情况表"报表，打开"客户累计付款情况表"报表。

（2）创建一个窗体，包含一个命令按钮，窗体布局如图 2-19-8 所示。

图 2-19-8　调用多命令"宏"窗体

【操作步骤】

（1）打开数据库 fcxxgl。

（2）在"数据库"窗口，选择"创建"菜单，在"宏与代码"选项卡中，单击"宏"按钮，进入"宏设计"窗口。

（3）在"宏设计"窗口，依次选择"操作"OpenForm（打开"客户信息"窗体），OpenForm（打开"销售信息"窗体），OpenReport（打开"客户购房情况表"报表），OpenReport（打开"客户累计付款情况表"报表），如图 2-19-9 所示。

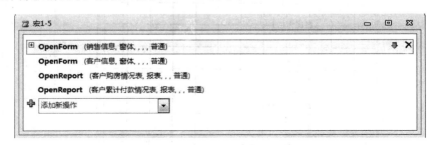

图 2-19-9　设计多个宏操作

（4）在"数据库"窗口，保存"宏"（宏 1-5）。

（5）在"窗体设计"窗口，添加一个"命令按钮"，并定义其属性如图 2-19-10 所示。

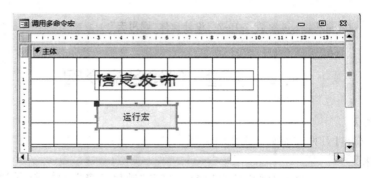

图 2-19-10　设计窗体"调用多命令宏"

（6）保存窗体"调用多命令宏"。

第20章　VBA 程序设计基础

相关知识点：

- VBA 程序编程基本方法；
- 程序的基本结构；
- VBA 常用控件；
- 常用控件的事件和方法。

20.1　实验：设计"计算自然数之和"窗体

【实验目的】

创建一个"计算自然数之和"窗体。

【实验要求】

设计一个名称为"计算自然数之和"的窗体，用来"计算自然数之和"（$1+2+3+\cdots+n$）的值，其运行结果如图 2-20-1 所示。

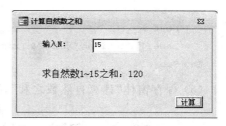

图 2-20-1　"计算自然数之和"窗体

【操作步骤】

（1）打开数据库 fcxxgl。

（2）在"数据库"窗口，选择"创建"菜单，在"窗体"选项卡中，单击"窗体设计"按钮，进入"窗体设计"窗口。

（3）在"窗体设计"窗口，设计窗体和控件的属性如表 2-20-1 所示。

表 2-20-1　"计算自然数之和"窗体各控件属性及事件

对　象	对　象　名	属　　性	事　件
窗体	计算自然数之和	标题：计算自然数之和	无
		滚动条：两者均无	
		记录选择器：否	
		导航按钮：否	
		自动居中：是	
		边框样式：对话框边框	
标签	Label1	标题：空	无
	Label2	标题：输入 N	

对　象	对 象 名	属　　　性	事　件
文本框	Text1	标题：空	无
命令按钮	Command1	标题：计算	Click
		字体：宋体	
		字号：9	

（4）打开"代码设计"窗口，输入程序代码。

定义系统变量事件代码如下：

```
Dim i As Integer
Dim s As Single
```

Function fac()事件代码如下：

```
Private Sub Command1_Click()
    s=0
    n=Val(Me.Text1)
    For i=1 To n
      s=s+i
    Next i
    Label1.Caption="求 1-"& Trim(Me.Text1)& "自然数之和：" & s
End Sub
```

（5）保存窗体"计算自然数之和"，结束窗体的创建。

20.2　实验：设计"求表达式的值"窗体

【实验目的】

创建一个"求表达式的值"窗体。

【实验要求】

设计一个名称为"计算表达式值"的窗体，用来"计算表达式：(5！+7！)/9！"的值，其运行结果如图 2-20-2 所示。

【操作步骤】

（1）打开数据库 fcxxgl。

（2）在"数据库"窗口，选择"创建"菜单，在"窗体"选项卡中，单击"窗体设计"按钮，进入"窗体设计"窗口。

（3）在"窗体设计"窗口，设计窗体和控件的属性，如表 2-20-2 所示。

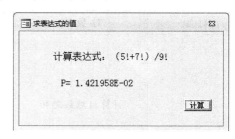

图 2-20-2　"求表达式的值"窗体

表 2-20-2　"求表达式的值"窗体各控件属性及事件

对象	对象名	属　　性	事件
窗体	计算表达式值	标题：计算表达式值	无
		滚动条：两者均无	
		记录选择器：否	
		导航按钮：否	
		自动居中：是	
		边框样式：对话框边框	
标签	Label0	标题：空	无
	Label1	标题：空	
命令按钮	Command1	标题：计算	Click
		字体：宋体	
		字号：9	

（4）打开"代码设计"窗口，输入程序代码。

Function fac()事件代码如下：

```
Private Function fac(n As Integer) As Single
    Dim p As Long
    p=1
    For i=1 To n
    p=p * i
    Next i
    fac=p
End Function
```

Command1_Click()事件代码如下：

```
Private Sub Command1_Click()
    Label0.Caption="计算表达式：(5!+7!)/9!"
    Label1.Caption="  P=" & (fac(5)+fac(7))/fac(9)
End Sub
```

（5）保存窗体"求表达式的值"，结束窗体的创建。

20.3　实验：设计"计算平均值"窗体

【实验目的】

创建一个"计算平均值"窗体。

【实验要求】

设计一个名称为"计算平均值"的窗体,用来"计算平均值",再评定销售等级(等级评定标准是:平均分 900～1000 为"优秀",平均分 800～900 为"良好",平均分 600～800 为"中等",平均分 600 以下为"差"),其运行结果如图 2-20-3 所示。

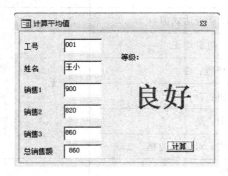

图 2-20-3 "计算平均值"窗体

【操作步骤】

(1)打开数据库 fcxxgl。

(2)在"数据库"窗口,选择"创建"菜单,在"窗体"选项卡中,单击"窗体设计"按钮,进入"窗体设计"窗口。

(3)在"窗体设计"窗口,设计窗体和控件的属性,如表 2-20-3 所示。

表 2-20-3 "计算平均值"窗体各控件属性及事件

对象	对象名	属性	事件
窗体	计算平均值	标题:计算平均值	Load
		滚动条:两者均无	
		记录选择器:否	
		导航按钮:否	
		自动居中:是	
		边框样式:对话框边框	
标签	Label0	标题:空	无
	Label1	标题:工号	
	Label2	标题:姓名	
	Label3	标题:销售 1	
	Label4	标题:销售 2	
	Label5	标题:销售 3	
	Label6	标题:总平均	
文本框	Text1～Text6 标题:空		无
命令按钮	Command1	标题:计算	Click
		字体:宋体	
		字号:9	

(4)打开"代码设计"窗口,输入程序代码。

定义系统变量事件代码如下:

```
Dim i As Integer
```

Command1_Click()事件代码如下：

```
Private Sub Command1_Click()
    i=(Val(Me.Text3)+Val(Me.Text4)+Val(Me.Text5))/3
    Me.Text6=Str(i)
    Select Case Int(i / 100)
    Case 9
    Label0.Caption="优秀"
    Case 8
    Label0.Caption="良好"
    Case Is>5
    Label0.Caption="中等"
    Case Is <6
    Label0.Caption="差"
    End Select
End Sub
```

Form_Load()事件代码如下：

```
Private Sub Form_Load()
    Text1.SetFocus
End Sub
```

（5）保存窗体"计算平均值"，结束窗体的创建。

第 21 章　窗体设计及 VBA 编程

相关知识点：

- 主页窗体的设计与应用；
- 关于窗体的设计与应用；
- 登录窗体的设计与应用。

21.1　实验：创建主窗体

【实验目的】

创建一个主窗体。

【实验要求】

在"主窗体"设计多个命令按钮，调用不同的窗体和报表，其运行画面如图 2-21-1 所示。

图 2-21-1　主窗体

【操作步骤】

（1）打开数据库 fcxxgl。

（2）在"数据库"窗口，选择"创建"菜单，在"窗体"选项卡中，单击"窗体设计"按钮，进入"窗体设计"窗口。

（3）在"窗体设计"窗口，设计窗体和控件的属性，如表 2-21-1 所示。

表 2-21-1 "主窗体"窗体各控件属性及事件

对象	对象名	属　　　性	事件
窗体	登录	标题：主窗体	Load
		滚动条：两者均无	
		记录选择器：否	
		导航按钮：否	
		自动居中：是	
		边框样式：对话框边框	
标签	标签 1	标题：房产资源信息管理系统	无
	标签 2	标题：操作提示：本系统采用菜单驱动的操作方式，菜单的框架结构如下：	
	标签 3	标题：数据备份	
	标签 4	标题：业务处理	
	标签 5	标题：信息查询	
	标签 6	标题：数据输出	
	标签 7	标题：帮助	
图像	OLE 未绑定	图片类型：嵌入	图像
		缩放模式：拉伸	
		图片：C:\1.JPG	
命令按钮	Command1-1	标题：系统管理	Click
	Command1-2	标题：数据恢复	
	Command1-3	标题：退出系统	
	Command2-1	标题：增加待售房源	
	Command2-2	标题：销售业务处理	
	Command2-3	标题：付款业务处理	
	Command2-4	标题：维护业务员信息	
	Command3-1	标题：房源销售情况查询	
	Command3-2	标题：客户购房付款情况	
	Command3-3	标题：业务员销售情况	
	Command3-4	标题：预购房屋情况	
	Command4-1	标题：客户购房情况表	
	Command4-2	标题：客户历次付款表	
	Command4-3	标题：客户累计付款表	
	Command5-1	标题：联机帮助	
	Command5-2	标题：操作指南	
	Command5-3	标题：疑难解答	

（4）打开"代码设计"窗口，输入程序代码。

Command1_1_Click()事件代码如下：

```
Private Sub Command1_1_Click()
    DoCmd.OpenForm "数据备份"
End Sub
```

Command1_2_Click()事件代码如下：

```
Private Sub Command1_2_Click()
    DoCmd.OpenForm "数据恢复"
End Sub
```

Command1_3_Click()事件代码如下：

```
Private Sub Command1_3_Click()
    Quit
End Sub
```

Command2_1_Click()事件代码如下：

```
Private Sub Command2_1_Click()
    DoCmd.OpenForm "增加新房源"
End Sub
```

Command2_2_Click()事件代码如下：

```
Private Sub Command2_2_Click()
    DoCmd.OpenForm "销售业务处理"
End Sub
```

Command2_3_Click()事件代码如下：

```
Private Sub Command2_3_Click()
    DoCmd.OpenForm "付款业务处理"
End Sub
```

Command2_4_Click()事件代码如下：

```
Private Sub Command2_4_Click()
    DoCmd.OpenForm "业务员基本情况"
End Sub
```

Command3_1_Click()事件代码如下：

```
Private Sub Command3_1_Click()
    DoCmd.OpenForm "客户购房信息"
End Sub
```

Command3_2_Click()事件代码如下：

```
Private Sub Command3_2_Click()
  DoCmd.OpenForm "付款业务处理"
End Sub
```

Command3_3_Click()事件代码如下：

```
Private Sub Command3_3_Click()
  DoCmd.OpenForm "销售信息"
End Sub
```

Command3_4_Click()事件代码如下：

```
Private Sub Command3_4_Click()
  DoCmd.OpenForm "选择欲购房源"
End Sub
```

Command4_1_Click()事件代码如下：

```
Private Sub Command4_1_Click()
  DoCmd.OpenReport "客户购房情况表"
End Sub
```

Command4_2_Click()事件代码如下：

```
Private Sub Command4_2_Click()
On Error GoTo Err_Command4_2_Click
    Dim stDocName As String
    stDocName = ChrW(23458) & ChrW(25143) & ChrW(21382) & ChrW(27425) & ChrW
(20184) & ChrW(27454) & ChrW(24773) & ChrW(20917) & ChrW(- 30616)
    DoCmd.OpenReport stDocName,acPreview
Exit_Command4_2_Click:
    Exit Sub
Err_Command4_2_Click:
    MsgBox Err.Description
    Resume Exit_Command4_2_Click
End Sub
```

Command4_3_Click()事件代码如下：

```
    Private Sub Command4_3_Click()
        DoCmd.OpenReport "客户累计付款表"
    End Sub
Err_Command4_3_Click:
    MsgBox Err.Description
    Resume Exit_Command4_3_Click
End Sub
```

Command5_1_Click()事件代码如下：

```
Private Sub Command5_1_Click()
    DoCmd.OpenForm "联机帮助"
End Sub
```

Command5_2_Click()事件代码如下：

```
Private Sub Command5_2_Click()
    DoCmd.OpenForm "操作指南"
End Sub
```

Command5_3_Click()事件代码如下：

```
Private Sub Command5_3_Click()
    DoCmd.OpenForm "疑难解答"
End Sub
```

（5）保存窗体"主窗口"，结束窗体的创建。

通过命令按钮向导自动生成的预览报表的代码如图 2-21-2、图 2-21-3、图 2-21-4、图 2-21-5 所示。

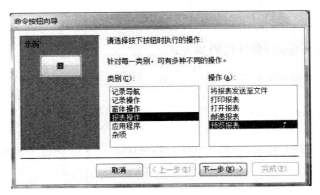

图 2-21-2　确定命令按钮的操作

图 2-21-3　确定预览的报表

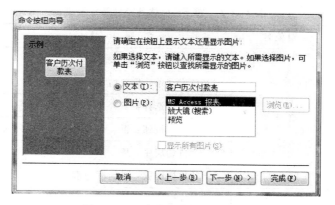

图 2-21-4　确定命令按钮的标题

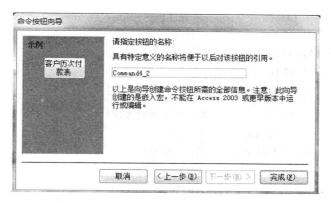

图 2-21-5　确定命令按钮的名称

21.2　实验：设计"关于"窗体

【实验目的】

创建一个"关于"窗体。

【实验要求】

设计一个名称为"关于"的窗体,用来介绍"系统"窗体,其运行结果如图 2-21-6 所示。

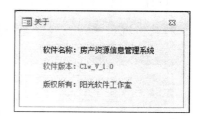

图 2-21-6　"关于"窗体

【操作步骤】

(1) 打开数据库 fcxxgl。

(2) 在"数据库"窗口,选择"创建"菜单,在"窗体"选项卡中,单击"窗体设计"按钮,进入"窗体设计"窗口。

(3) 在"窗体设计"窗口,设计窗体和控件的属性如表 2-21-2 所示。

表 2-21-2 "关于"窗体各控件属性及事件

对 象	对象名	属 性	事 件
窗体	登录	标题：关于	Load
		滚动条：两者均无	
		记录选择器：否	
		导航按钮：否	
		自动居中：是	
		边框样式：对话框边框	
标签	Label1	标题：空	无
	Label2	标题：空	
	Label3	标题：空	

（4）打开"代码设计"窗口，输入程序代码。

Form_ Load()事件代码如下：

```
Private Sub Form_Load()
Label1.Caption="软件名称：房产资源信息管理系统"
Label2.Caption="软件版本：Clw_V_1.0"
Label3.Caption="版权所有：阳光软件工作室"
End Sub
```

（5）保存窗体"关于"，结束窗体的创建。

21.3 实验：设计"登录"窗体

【实验目的】

创建一个"登录"窗体。

【实验要求】

设计一个窗体，用来验证用户身份信息，其运行结果如图 2-21-7 所示。

图 2-21-7 "登录"窗体

若用户名与密码正确，则启动主窗体，如图 2-21-8 所示。

若用户名与密码错误，则弹出对话框，如图 2-21-9 所示。

【操作步骤】

（1）打开数据库 fcxxgl。

（2）在"数据库"窗口，选择"创建"菜单，在"窗体"选项卡中，单击"窗体设计"按钮，进入"窗体设计"窗口。

图 2-21-8 启动主窗体

图 2-21-9 密码错误警告

（3）在"窗体设计"窗口，设计"登录"窗体各控件属性及事件，如表 2-21-3 所示。

表 2-21-3 "登录"窗体各控件属性及事件

对象	对象名	属　性	事件
窗体	登录	标题：登录	无
		滚动条：两者均无	
		记录选择器：否	
		导航按钮：否	
		自动居中：是	
		边框样式：对话框边框	
图像	Img1	图片类型：嵌入	无
		缩放模式：拉伸	
		图片：C:\1.JPG	

对象	对象名	属性	事件
标签	LblUser	标题：用户名	无
	LblPwd	标题：密码	
	Lbl1	标题：房产资源信息管理系统	
命令按钮	CmdOk	标题：确认	Click
	CmdCancel	标题：取消	Click
组合框	CblUser	行来源：SELECT 用户表.用户名 FROM 用户表；	NotInList
		控件来源：用户	
文本框	TxtPwd	输入掩码：密码	无

（4）在"代码"窗口，设计窗体或控件事件和方法代码。

定义窗体级函数（login）代码如下：

```
Public Function login() As Boolean '判断用户输入的密码是否正确
    Dim RS As New ADODB.Recordset
    Dim StrSql As String
    StrSql="select * from 用户表 where 用户名='" & Me.Cbouser & "'"
    RS.Open StrSql, CurrentProject.Connection, adOpenStatic, adLockReadOnly
    If RS.RecordCount>0 Then
        If RS!密码=Me.TxtPwd Then
            login=True
        End If
    End If
    RS.Close
    Set RS=Nothing
End Function
```

CmdOk_Click()事件代码如下：

```
Private Sub CmdOk_Click()
If IsNull(Me.Cbouser) Then
    MsgBox "请输入您的用户名!", vbCritical
    Exit Sub
  Else
    Me.Cbouser.SetFocus
    P_username=Me.Cbouser.Text
  End If
  If login=True Then 'login 函数登录判断
    UserName=Me.Cbouser.Text
    DoCmd.Close
    DoCmd.OpenForm "主窗体"
```

```
        Else
          MsgBox "您输入密码不正确,请重新输入,仅 3 次!!!", vbCritical
        Exit Sub
        End If
End Sub
```

CmdCancel_Click()事件代码如下:

```
Private Sub CmdCancel_Click()
DoCmd.Quit acQuitSaveNone
End Sub
```

CboUser_NotInList()事件代码如下:

```
Response=acDataErrContinue '必须从组合框中选择用户名
End Sub
```

（5）保存窗体"登录",结束窗体的创建。

第22章 数据共享与安全

相关知识点：

- 数据库安全技术；
- 导入 Access 中的数据库对象方法；
- 导出 Access 中的数据库对象方法。

22.1 实验：设置数据库密码

【实验目的】

设置数据库密码。

【实验要求】

为数据库 fcxxgl，设置数据库密码"2014"。

【操作步骤】

（1）打开数据库 fcxxgl。

（2）在"数据库"窗口，选择"文件"菜单，在"文件"选项卡中，选择"信息"选项，打开"有关 fcxxgl 的信息"页面，如图 2-22-1 所示。

图 2-22-1 "有关 fcxxgl 的信息"页面

（3）在"有关 fcxxgl 的信息"页面，单击"设置数据库密码"按钮，进入"设置数据库密码"窗口，如图 2-22-2 所示。

图 2-22-2　"设置数据库密码"窗口

（4）在"设置数据库密码"窗口，设置数据库密码"2014"，单击"确定"按钮，结束数据库密码设置。

22.2　实验：数据库对象的备份

【实验目的】
数据库对象的备份。

【实验要求】
将数据库 fcxxgl 中的数据库对象 fkqkb 导出到另一个数据库"备份"中。

【操作步骤】
（1）打开数据库 fcxxgl。

（2）在"Access 系统"窗口，选择表 fkqkb 为操作对象，再打开快捷菜单，如图 2-22-3 所示。

图 2-22-3　快捷菜单

（3）在快捷菜单下，选择 Access(A)命令，进入"导出-Access 数据库"窗口如图 2-22-4 所示。

图 2-22-4　"导出-Access 数据库"窗口

（4）在"导出-Access 数据库"窗口，选择存放导出对象的数据库"备份"，再单击"确定"按钮，进入"导出"窗口，如图 2-22-5 所示。

图 2-22-5　"导出"窗口

（5）在"导出"窗口，输入导出后的文件名 fkqkb，单击"确定"按钮，结束数据库对象导出的操作。

22.3　实验：与 Excel 数据共享

【实验目的】

将数据库对象导出到 Excel 中。

【实验要求】

将数据库对象表 ywyqkb 导出，并转换成 Microsoft Excel 格式文件。

【操作步骤】

（1）打开数据库 fcxxgl。

（2）在"Access 系统"窗口，选择表 ywyqkb 为操作对象，再打开快捷菜单。

（3）在快捷菜单下，选择 Excel（X）命令，进入"导出-Excel 电子表格"窗口，如图 2-22-6 所示。

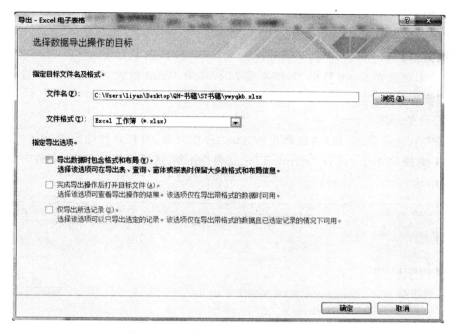

图 2-22-6 "导出-Excel 电子表格"窗口

（4）在"导出-Excel 电子表格"窗口，选择存放导出对象的数据库，单击"确定"按钮，结束数据库对象导出的操作。

（5）打开 Microsoft Excel 窗口，打开"Office 按钮"下拉菜单，选择"打开"命令，打开文件 ywyqkb，如图 2-22-7 所示。

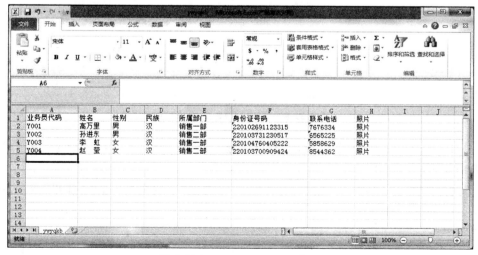

图 2-22-7 Microsoft Excel 窗口

22.4 实验：与 Word 数据共享

【实验目的】

将数据库对象导出到 Word 中。

【实验要求】

将数据库对象表 fczyb 导出，并转换成 Microsoft Word 格式文件。

【操作步骤】

（1）打开数据库 fcxxgl。

（2）在"Access 系统"窗口，选择表 fczyb 为操作对象，再打开快捷菜单。

（3）在快捷菜单下，选择"Word RTF 文件"命令，进入"导出-RTF 文件"窗口，如图 2-22-8 所示。

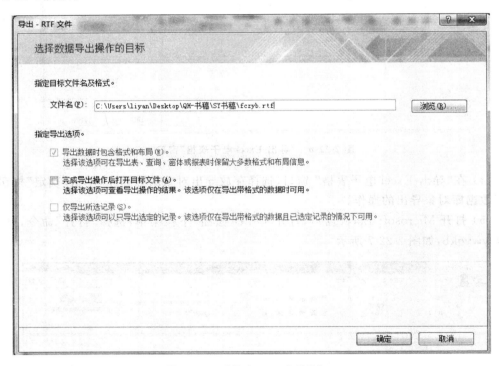

图 2-22-8 "导出-RTF 文件"窗口

（4）在"导出-RTF 文件"窗口，选择存放导出对象的数据库，单击"确定"按钮，结束数据库对象导出的操作。

（5）打开 Microsoft Word 窗口，打开"Office 按钮"下拉菜单，选择"打开"命令，打开文件 fczyb，如图 2-22-9 所示。

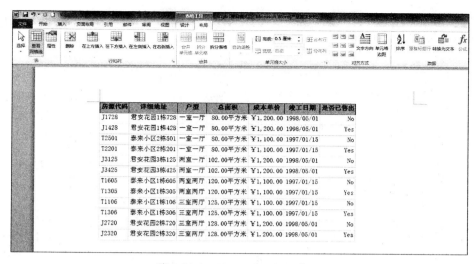

图 2-22-9 Microsoft Word 窗口

22.5 实验：与文本文件数据共享

【实验目的】

将数据导出到文本文件中。

【实验要求】

将数据库对象表 khqkb 导出，并转换成文本文件。

【操作步骤】

（1）打开数据库 fcxxgl。

（2）在"Access 系统"窗口，选择表 khqkb 为操作对象，再打开快捷菜单。

（3）在快捷菜单下，选择"文本文件"命令，进入"导出-文本文件"窗口，如图 2-22-10 所示。

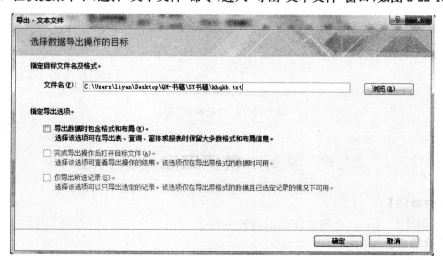

图 2-22-10 "导出-文本文件"窗口

（4）在"导出-文本文件"窗口，选择存放导出对象的数据库，单击"确定"按钮，进入"导出文本向导"窗口，如图 2-22-11 所示。

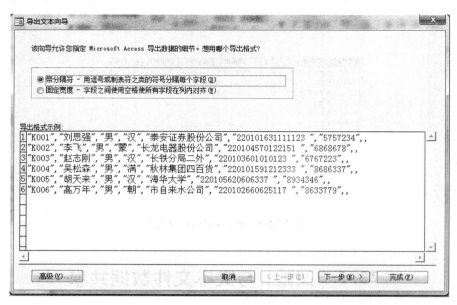

图 2-22-11　"导出文本向导"窗口

（5）在"导出文本向导"窗口，选择相关参数，结束数据库对象导出的操作。

（6）打开"记事本"窗口，打开"Office 按钮"下拉菜单，选择"打开"命令，打开文件 khqkb，如图 2-22-12 所示。

图 2-22-12　"记事本"窗口

22.6　实验：数据库间数据共享

【实验目的】

向数据库导入另一个数据库的数据库对象。

【实验要求】

将数据库"备份"的数据对象窗体"用户表"，导入到数据库 fcxxgl 中。

【操作步骤】

（1）打开数据库 fcxxgl。

（2）在"数据库"窗口，选择"外部数据"选项卡，打开"外部数据"选项卡，如图 2-22-13 所示。

图 2-22-13 "外部数据"选项卡

（3）在"外部数据"选项卡中，单击 Access 按钮，进入"获取外部数据-Access 数据库"窗口，如图 2-22-14 所示。

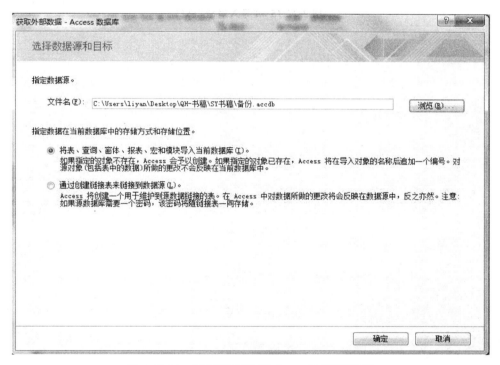

图 2-22-14 "获取外部数据-Access 数据库"窗口

（4）在"获取外部数据-Access 数据库"窗口，选择外部数据源备份，单击"确定"按钮，进入"导入对象"窗口，如图 2-22-15 所示。

（5）在"导入对象"窗口，选择要导入数据库对象窗体"用户表"，单击"确定"按钮，结束数据库对象导入的操作。

图 2-22-15 "导入对象"窗口

第23章 应用系统开发案例

相关知识点：
- 应用系统开发步骤；
- 数据库设计方法与步骤；
- 应用系统核心元素设计。

【实验目的】

本实验的内容是对前面实验内容的一个整理和归纳，目的在于让读者能够全面地了解和掌握应用系统开发的一般步骤和具体过程。

开发制作一个名为"房产资源信息管理系统"的应用系统。

【实验要求】

（1）需求分析及模块设计；

（2）数据库设计；

（3）查询设计；

（4）数据输出及维护窗体的设计；

（5）报表及数据访问页的设计；

（6）主窗体的设计及主菜单的调用；

（7）系统的运行；

（8）数据库的安全控制。

【操作步骤】

（1）需求分析及模块设计。

根据某物业开发及管理单位的业务发展的需要，决定建立一个"房产资源信息管理系统"，实现房产资源信息管理的电子化，以取代传统的人工管理模式。根据实际管理业务的需要，本管理系统应具有以下几部分功能：

① "业务处理"模块

该模块主要完成如下功能：录入新建的待售房源信息；实现房源出售过程中的业务处理；实现购房客户付款环节的业务处理；能够对房产促销业务员的情况进行维护。

② "信息查询"模块

该模块主要完成对各种信息的查询功能，其中包括：已售出的房源；未售出的房源；房源的销售去向；各购房客户所购房源的信息及付款情况；以及业务员的销售业绩情况等。

③ "数据输出"模块

该模块的主要功能是以报表或数据访问页的形式浏览或打印客户购房情况；客户历次及累计付款情况；尚未售出的房源信息。

④"系统管理"模块

该模块主要完成三项功能：备份数据库；恢复数据库；退出该"房产资源信息管理系统"。

⑤"帮助"模块

该模块可向应用系统的使用者提供有关本管理系统的联机帮助；操作指南；以及疑难解答等。由于实现起来比较麻烦，故此在本实验中并未对此模块的功能做出具体的实现。

（2）数据库物理结构设计。

① 房产资源表文件名定义为 fczyb，如表 2-23-1 所示。

② 房源销售表文件名定义为 fyxsb，如表 2-23-2 所示。

表 2-23-1　房产资源表的结构

字段名称	数据类型	字段大小	精度	小数位数
房源代码	文本	5		
详细地址	文本	30		
户型	文本	10		
总面积	数字	小数	7	2
成本单价	货币			2
竣工日期	日期/时间			
是否已售出	是/否			

表 2-23-2　房源销售表的结构

字段名称	数据类型	字段大小	小数位数	标题
Fydm	文本	5		房源代码
Scrq	日期/时间			售出日期
Cjdj	货币		0	成交单价
Cjje	货币		0	成交金额
Fkfs	文本	10		付款方式
Fkjqf	是/否			房款结清否
Khdm	文本	4		客户代码
Ywydm	文本	4		业务员代码
Bz	备注			备注

③ 付款情况表 fkqkb 的结构如表 2-23-3 所示。

表 2-23-3　付款情况表的结构

字 段 名 称	数据类型	字段大小	小数位数
房源代码	文本	5	
客户代码	文本	4	
付款日期	日期/时间		
付款金额	货币		2
累计付款金额	货币		2
收款员	文本	10	

④ 客户情况表 khqkb 的结构如表 2-23-4 所示。

⑤ 业务员情况表 ywyqkb 的结构如表 2-23-5 所示。

表 2-23-4　客户情况表的结构

字段名称	数据类型	字段大小
客户代码	文本	4
姓名	文本	8
性别	文本	2
民族	文本	10
工作单位	文本	30
身份证号码	文本	17
联系电话	文本	11
照片	OLE 对象	

表 2-23-5　业务员情况表的结构

字段名称	数据类型	字段大小
业务员代码	文本	4
姓名	文本	8
性别	文本	2
民族	文本	10
所属部门	文本	20
身份证号码	文本	17
联系电话	文本	11
照片	OLE 对象	

(3) 建立名为 fcxxgl 的数据库。

在数据库中，建立 5 个表之间的关联关系，如图 2-23-1 所示。

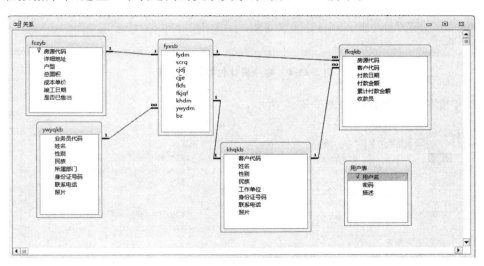

图 2-23-1　数据库表间关联

(4) 查询设计。

通过如下的一组查询来实现"数据查询"模块的功能。

① 客户购房情况查询如图 2-23-2 所示。

khgfqkcx1

客户代码	客户姓名	房源代码	售出日期	成交金额	付款方式	详细地址	户型	总面积
K001	刘思强	T1305	1998/3/1	¥180,000.00	一次性	泰来小区1栋305	两室两厅	120.00平方米
K002	李飞	T1306	1998/9/15	¥187,500.00	一次性	泰来小区1栋306	三室两厅	125.00平方米
K003	赵志刚	J3425	1998/10/20	¥163,200.00	分期	君安花园3栋425	两室一厅	102.00平方米
K004	吴松森	T2201	1998/2/2	¥112,000.00	分期	泰来小区2栋201	一室一厅	80.00平方米
K005	胡天来	J2320	1999/5/1	¥204,800.00	分期	君安花园2栋320	三室两厅	128.00平方米
K006	高万年	J1428	1999/10/10	¥120,000.00	一次性	君安花园1栋428	一室一厅	80.00平方米

记录: 第 1 项(共 6 项)　无筛选器　搜索

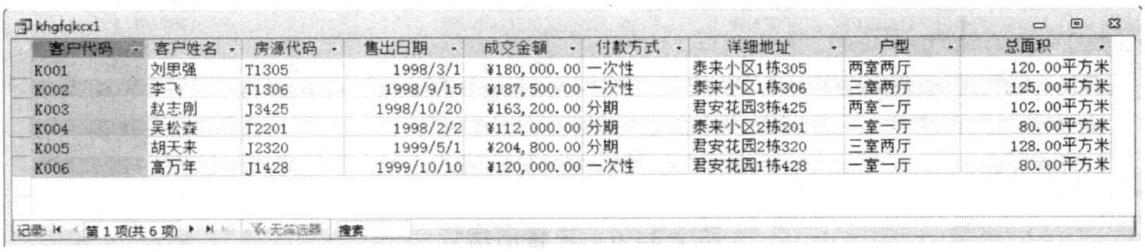

图 2-23-2　客户购房情况查询

② 客户历次付款情况查询,如图 2-23-3 所示。

图 2-23-3　客户历次付款情况查询

③ 客户累计付款情况查询如图 2-23-4 所示。

图 2-23-4　客户累计付款情况查询

④ 年度付款情况查询如图 2-23-5 所示。

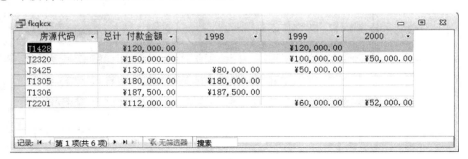

图 2-23-5　年度付款情况

⑤ 未售出房源查询,如图 2-23-6 所示。

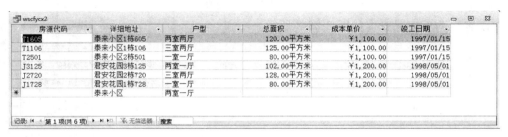

图 2-23-6　未售出房源

⑥ 业务员业绩查询如图 2-23-7 所示。

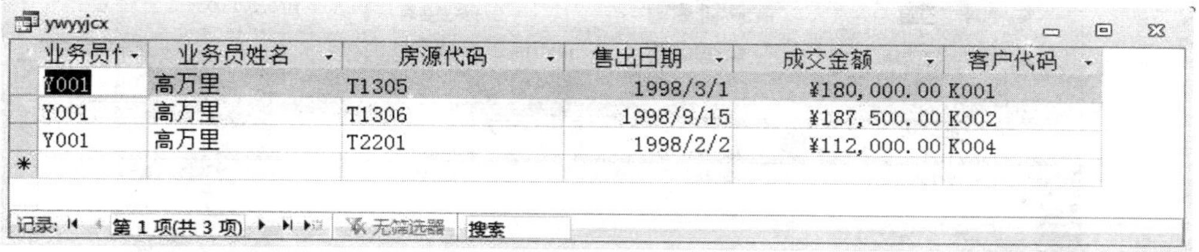

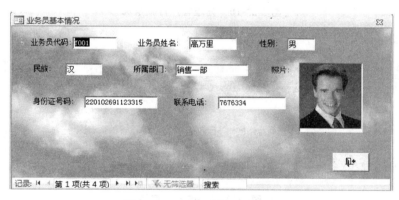

图 2-23-7　业务员业绩查询

（5）数据操作窗体设计。

为了实现"业务处理"模块的功能，设计如下几组窗体。

① 业务员信息维护窗体：通过它可以对业务员情况表 ywyqkb 中的记录进行浏览、修改和添加，如图 2-23-8 所示。

图 2-23-8　业务员情况表维护

② 付款业务处理窗体：通过这组窗体，选定某个已购房的客户，完成付款的业务处理，如图 2-23-9、图 2-23-10 所示。

③ 销售业务处理窗体：通过这组窗体，选定某个待售出房源，完成房源销售的业务处理，如图 2-23-11、图 2-23-12、图 2-23-13、图 2-23-14 所示。

图 2-23-9　选择购房的客户

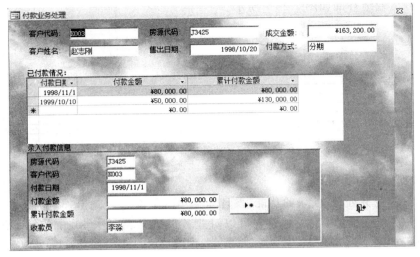

图 2-23-10　处理客户付款情况

图 2-23-11　待售出房源

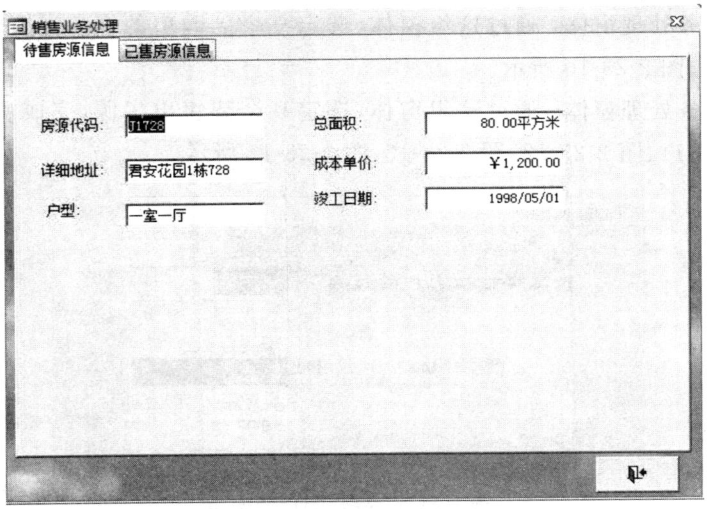

图 2-23-12　待售出房源信息

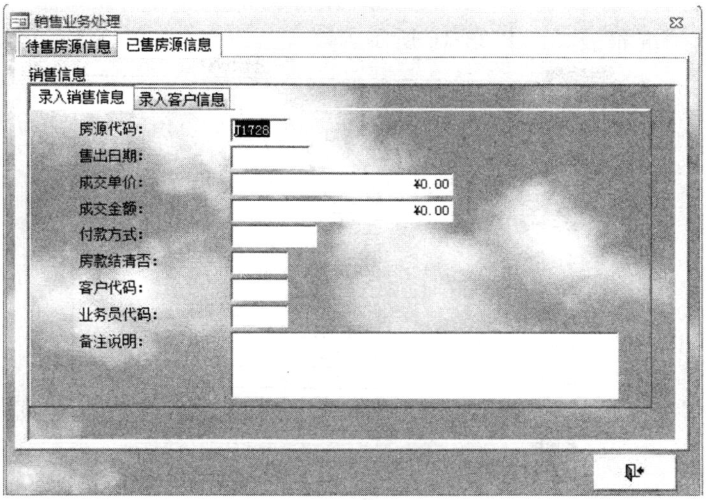

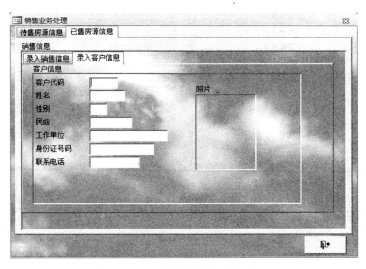

图 2-23-13　销售房源信息输入

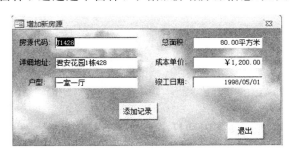

图 2-23-14　售出房源客户信息输入

④ 增加新房源窗体：通过这个窗体,可增加新增房源信息,如图 2-23-15 所示。

图 2-23-15　增加新增房源信息

（6）报表设计。

① 客户购房情况报表如图 2-23-16 所示。

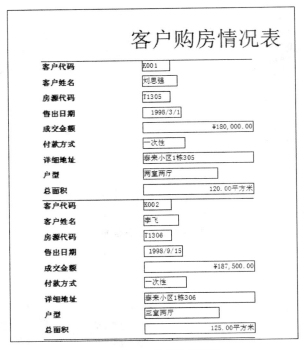

客户购房情况表

客户代码	K001
客户姓名	刘思强
房源代码	T1305
售出日期	1998/3/1
成交金额	¥180,000.00
付款方式	一次性
详细地址	泰来小区1栋305
户型	两室两厅
总面积	120.00平方米
客户代码	K002
客户姓名	李飞
房源代码	T1306
售出日期	1998/9/15
成交金额	¥187,500.00
付款方式	一次性
详细地址	泰来小区1栋306
户型	三室两厅
总面积	125.00平方米

图 2-23-16　客户购房情况

② 客户历次付款情况报表如图 2-23-17 所示。

客户历次付款情况表

客户代码	客户姓名	付款日期	房源代码	成交金额	付款金额
K001	刘思强				
		1998/3/15	T1305	¥180,000.00	¥180,000.00
合计					180000
K002	李飞				
		1998/9/25	T1306	¥187,500.00	¥187,500.00
合计					187500
K003	赵志刚				
		1998/11/1	J3425	¥163,200.00	¥80,000.00
		1999/10/10	J3425	¥163,200.00	¥50,000.00
合计					130000
K004	吴松森				
		1999/2/20	T2201	¥112,000.00	¥60,000.00
		2000/5/10	T2201	¥112,000.00	¥52,000.00
合计					112000

图 2-23-17　客户历次付款情况

③ 客户累计付款情况报表，如图 2-23-18 所示。

客户累计付款情况表

客户代码	客户姓名	房源代码	成交金额	付款方式	售出日期	最后一次付款日期	累计付款金额	付款次数
K001	刘思强	T1305	¥180,000.00	一次性	1998/3/1	1998/3/15	¥180,000.00	1
K002	李飞	T1306	¥187,500.00	一次性	1998/9/15	1998/9/25	¥187,500.00	1
K003	赵志刚	J3425	¥163,200.00	分期	1998/10/20	1999/10/10	¥130,000.00	2
K004	吴松森	T2201	¥112,000.00	分期	1998/2/2	2000/5/10	¥112,000.00	2
K005	胡天来	J2320	¥204,800.00	分期	1999/5/1	2000/1/15	¥150,000.00	2
K006	高万年	J1428	¥120,000.00	一次性	1999/10/10	1999/10/30	¥120,000.00	1

图 2-23-18　客户累计付款情况

（7）主窗体设计。

主窗体设计通过各个命令按钮调用各个功能模块，如图 2-23-19 所示。

图 2-23-19　主窗体

（8）系统的试运行。

当系统的以上各构成部分都设计完毕后，即可在数据库中启动运行主窗口（如图 2-23-19 所示），并在主窗口中反复启动各个模块分别进行调试，以发现在设计过程没有留意到的错误和缺陷，从而使整个应用系统得到进一步的完善。

（9）数据库的安全控制。

① 设置用户与组的账号。

② 数据库加密。

附录 A 习题答案

第 1 章 概述

一、填空题：1. 数据记录 2. 核心 3. 数学模型 4. 关系 5. 相同属性字段
6. 相互独立性 7. 外存设备 8. 数据源 9. 有效的分离
10. 其他对象

二、单选题：1. C 2. B 3. D 4. D 5. A 6. C 7. A 8. D 9. B 10. C

三、简答题：略

第 2 章 Access 数据库系统概述

一、填空题：1. 关系数据库管理系统 2. Office 2010 3. 数据库工作状态
4. Office 2010 5. 关闭时压缩
6. Windows 95 或 Windows NT 以上操作系统
7. 可以选择 8. 对话窗口 9. 激活 10. 取消

二、单选题：1. D 2. B 3. C 4. A 5. C

三、简答题：略

第 3 章 数据库的创建与使用

一、填空题：1. 打开 2. 选项 3. 对磁盘空间 4. 丢失 5. 直接使用

二、单选题：1. B 2. D 3. A 4. B 5. C 6. D 7. A 8. B 9. C 10. C

三、简答题：略

第 4 章 表的创建与使用

一、填空题：1. 数据来源 2. 制约着 3. 唯一的标识 4. 表结构 5. 数据
6. 输入数据 7. 字段名 8. 约束条件 9. 输入格式
10. "表"设计器窗口 11. "表"浏览窗口 12. 重复数据或相近数据
13. 数据查找 14. 数据输入先后顺序 15. 字段 16. 建立主键或索引
17. 存取顺序 18. 逻辑顺序 19. 嵌在另一个表中 20. 关联字段

二、单选题：1. B 2. C 3. C 4. D 5. D 6. B 7. A 8. D 9. B 10D

三、简答题：略

第 5 章 查询的创建与使用

一、填空题：1. 数据检索 2. 数据的来源 3. 表或查询 4. 保持同步 5. 选择查询

6. 参数定义　7. 窗体和报表　8. 数据来源　9. 数据资源　10. 物理更新

二、单选题：1. C　2. A　3. B　4. C　5. D

三、简答题：略

第6章　窗体的创建与使用

一、填空题：1. 主体　2. 节　3. 标题　4. 使用说明　5. 窗体控件　6. 修改窗体
7. 一个表或一个查询　8. 多个表　9. 外观　10. "主体"节的性能
11. 窗体的布局　12. 常用属性　13. 属性　14. 打印的窗体上
15. 主要工作界面

二、单选题：1. D　2. B　3. C　4. B　5. A

三、简答题：略

第7章　报表的创建与使用

一、填空题：1. 屏幕　2. 打印机　3. 统计计算　4. 进行维护　5. 主体　6. 首页头部　7. 每页头部　8. "主体"节　9. 每页底部　10. 最后一页底部
11. 报表布局及样式　12. 控件　13. 窗体　14. 报表控件
15. 设置页面

二、单选题：1. C　2. D　3. B　4. D　5. A

三、简答题：略

第8章　宏的创建与使用

一、填空题：1. 操作命令　2. 动作名和操作参数　3. 宏命令的排列顺序
4. 条件表达式　5. 管理　6. 命令按钮控件　7. 操作命令
8. "宏"设计器　9. 宏或宏组　10. 不同宏名　11. 第一个宏名
12. 事件属性值　13. 选择宏　14. 单步执行宏操作　15. 下拉框

二、单选题：1. A　2. D　3. B　4. C　5. B

三、简答题：略

第9章　VBA 程序设计基础

一、填空题：1. 窗体与报表　2. 哪些运算　3. 有效使用范围　4. 基本类型变量
5. 标准过程　6. 算术运算、关系运算、逻辑运算　7. 字母或汉字
8. 条件　9. 循环语句和过程　10. 标准模块、窗体模块

二、单选题：1. A　2. C　3. C　4. D　5. A　6. A　7. B　8. D　9. A　10. B

三、简答题：略

第10章　窗体设计及 VBA 编程

一、填空题：1. 应用系统开发　2. 系统实施　3. 可行性思路　4. 总需求目标
5. 总体规划　6. 逐级控制和各独立模块　7. "自顶向下"

8. 模块间的接口　9. 缺陷　10. 逻辑模型或规划模型　11. 工作窗口
12. 口令输入的窗口　13. 组织和协调　14. 宏命令
15. 全部数据的来源

二、单选题：1. D　2. B　3. A　4. C　5. A

三、简答题：略

第 11 章　数据对象共享与安全

一、填空题：1. 导出、导入　2. 数据库对象　3. 数据库对象　4. 大小写之分
5. 设置用户密码　6. 数据文件　7. 导入　8. 数据源
9. 导入或导出操作　10. 数据库资源

二、单选题：1. C　2. 　3. C　4. B　5. A

三、简答题：略

第 12 章　应用系统开发案例

一、填空题：1. 系统功能模块　2. 建立表间的关联关系　3. 窗体来完成的
4. 数据库应用系统的　5. 数据库应用系统的　6. 查询控制面板窗体
7. 数据输入、维护、浏览及查询　8. 打印机打印　9. 查询为数据来源
的　10. "宏"

二、单选题：1. C　2. D　3. B　4. A　5. A

三、简答题：略

参 考 文 献

［1］ 萨师煊,王珊. 数据库系统概论.4 版. 北京：高等教育出版社,2009.

［2］ Cary N Prague. Access 2003 宝典. 北京：清华大学出版社,2004.

［3］ 李雁翎. Access 2000 基础与应用. 2 版. 北京：清华大学出版社,2008.

［4］ 李雁翎. 数据库技术与应用 Access. 北京：高等教育出版社,2012.

［5］ 李雁翎. 数据库技术与应用 Access 经典案例集. 北京：高等教育出版社,2011.